U0040174

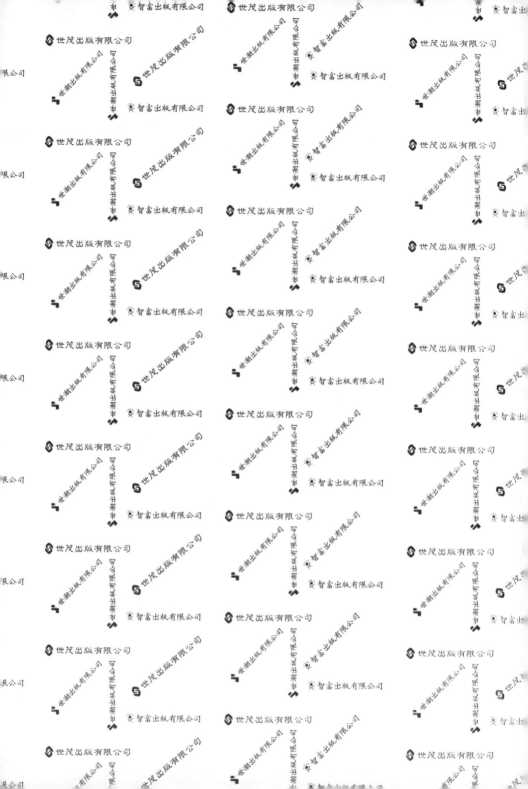

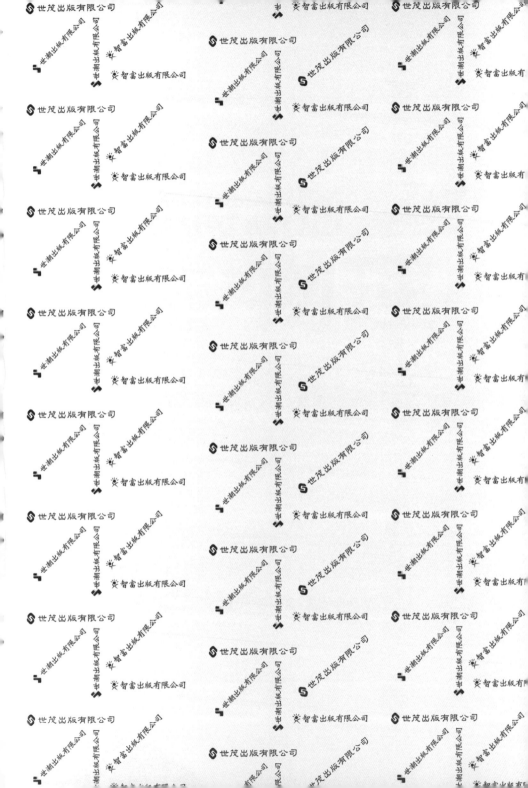

前言

　　～物理要是從國中程度開始學起，一定能讓人重新領略學習的樂趣～

　　本書旨在讓所有具備國中物理程度的人都能夠在短時間內輕鬆快樂地學習，是一本「成年人溫習用教科書」。

　　當然，本書涵蓋的範圍稍微超出日本文部科學省（教育科學部）「學習指導要領」所頒布的教科書內容，屬於不受教科書審核規範的「非審定教科書」。

　　本書所預期的讀者類型如下：

①因工作或研究的需要，希望在短時間內重新從基礎開始學習物理的大人
②希望在短時間內複習國中物理的高中生
③希望了解國中物理整體概念，想先預習的國中生

　　其中又以「因工作或研究的需要，希望在短時間內重新從基礎開始學習物理的大人」為本書鎖定的主要讀者。

　　現代社會是「高知識化社會」，在世上流通的絕大多數

產品，都是以物理化學的知識為基礎製作而成的。不論你從事經營或銷售，相信有很多時候都會運用到一些國中及高中初級程度的物理化學知識，對於擔任主管職務的人而言更是如此。

然而，很多人往往在考完高中或大學之後就將這些知識通通忘光，縱然下決心要重新學習，但是物理化學若是從高中開始學起，負擔會顯得過於沈重。

因此我所要提倡的學習方法，是將國中程度的基本知識在短時間內溫習一遍，再根據需要進階至高中程度。

我自己是國高中理科審定版教科書的編輯委員及執筆者。這些課本必須遵循文部科學省的學習指導要領才能通過教科書審定，但學習指導要領本身卻仍有許多疏漏未竟之處。因此我與同伴們一起推出「非審定理科教科書」，上市之後受到許多讀者歡迎，相當暢銷，至今仍然廣為私立國中採用。因為這些書的架構都強調「什麼樣的知識內容，就以什麼樣的形式循序漸進學習之」，非常具體明確。

本書的內容便是根據這些經驗而制定的。

成書的背後，我們還有一種體認：「在競爭如此激烈的時代，光是閱讀一些收集理科小故事或小專欄的雜學書，是沒有辦法學習到有用的知識的。」雜學書的好處或許是讓理科變得比較有趣。但若是想在工作或研究上有所發揮，有系統的學習還是比零碎、散亂的學習來得更有效。

對於想要溫習知識的成年人而言，速度是很重要的一項因素。

本書的編輯在維持系統性的同時，並精選出真正有意義

的物理基礎、基本知識作為骨架，加上豐富的資訊，但也不忘記兼顧快速學習的效益，注意內容的平衡。

各章平均只需要約三十分鐘即可閱讀完畢，其中並會適時穿插一些可供練習的題目。

對於想更進一步正式學習國中物理的人，我推薦同屬非審定教科書的《新世代基礎科學講義》（作者：左卷健男、文一總合出版，有分年級、分冊版本以及領域分冊版本）。

最後我想感謝負責本書編輯工作的 science‧i 編輯部的石嶋淨先生，以及插畫精準到位、讓學習物理變得更愉快的插畫家まなかちひろ小姐。謹以此文表達感激之意。

左卷健男

現代生活必備的科學基礎知識

3 小時讀通物理（漫畫版）

CONTENTS

CONTENTS

第 1 章

光與聲音

很多人以為在完全無光的黑暗中,只要凝神細看還是可以模糊地看見週遭的事物。但是,我們看得到東西,其實是因為可見光進入我們眼睛的關係。

現在就以這個現象為出發點,來學習光的性質吧。另外,在本章中還可學到包括光的折射、反射等行為,眼睛看不見的光,以及與光同中有異的聲音性質。

1 我們如何看見物體？

問題 身在完全沒有光的黑暗當中，等到眼睛習慣黑暗時，是不是就可以看到週遭的東西了呢？

A. 可以看得很清楚
B. 稍微看得見，但不太清楚
C. 絕對看不到

我們身邊的物體，都會發出光，也會反射光。

我們之所以看得到物體，是因為從物體反射出來的光進入眼睛的關係。

物體的光要是沒有進到眼睛裡，我們就一定看不到物體。

因此，在沒有光線的黑暗裡，絕對沒有辦法看到週遭的東西。答案是 C。

圖 1　眼睛看不到的光束

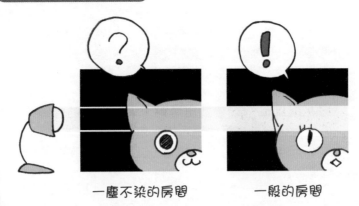

一塵不染的房間　　　一般的房間

● 沒射進眼睛就看不到的光束

如果我們身在一間真正一塵不染的乾淨房間裡，就算在黑暗中有道光束從眼前經過，我們也看不見。因為這道光束只是從眼前經過，並沒有任何光跑進眼睛裡（圖1）。

在電影院等地方可以看得見光束，是因為空氣中懸浮著灰塵或香菸的煙霧等微粒，光線會先照到這些微粒上，再朝四面八方反射出去，而其中有一部分則會進到我們的眼睛裡。

圖2　看得見東西的原因

會自己發光的東西包括：太陽、電燈、日光燈、螢火蟲等等。可以自己發光的源頭即稱為「光源」。太陽是自然界最重要的光源。人類在自然光轉弱的時候，會運用人工光源代替太陽。最早的時候是生火或點火把，再來是使用蠟燭、瓦斯燈，直到近代發明出電燈、螢光燈、LED（發光二極體）等，形成人工光源的發展史。

● 一般的東西都是因為反射太陽光才看得見

　　我們週遭看得見的東西，絕大多數都不是自己發出光線，而是反射別處射來的光線。人類的眼睛必須接收到物體反射的光，才得以「看見東西」（圖2）。

2　光是直進的

　　仔細觀察從雲縫間灑落下來的陽光時，很容易就能明白「光的直進（筆直前進）」性質。

　　光的行進路線可用光線來表示。

　　在出太陽的日子，人、樹木、建築物都會產生影子，就是因為光是直進的關係（圖 3）。

　　不只在空氣中、在水中或玻璃裡，只要是在同樣的介質裡，光都是直線行進的。

圖 3　樹木會有影子是因為光的直進

● 因為光的直進，才有辦法掌握物體位置

　　我們是利用光的直進性質，從進入眼睛的光線倒推光線的路徑，才會感覺到其路徑方向上有個物體。

　　進入眼睛的光通過名叫水晶體的透鏡折射後，將光線聚集在會感光的細胞群、也就是視網膜上。視網膜接收到的光會被轉換為電子訊號，沿視神經傳送到大腦（圖4）。

圖4　眼睛的構造・眼睛看得見東西的原理

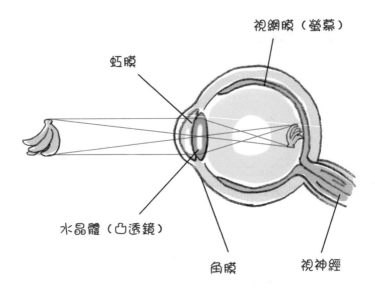

懷舊的針孔照相機

你知道針孔照相機嗎？

針孔照相機就是利用「光的直進」所製成的。在暗箱的一端開一個針孔（pinhole）之後，從A射進來的光當中，通過針孔的光會落在A′上，從B射進來的光當中，通過針孔的會落在 B′上，其他光線依此類推，螢幕上就會呈現一個上下左右顛倒的影像。

只要以凸透鏡代替針孔、用底片代替螢幕的話，就變成一般的照相機了。

圖5　針孔照相機

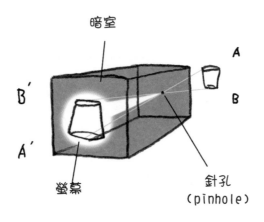

暗室

A
B

B′

A′

螢幕

針孔
（pinhole）

3 光以某個角度照過來，
　　必以相同角度彈開來

　　光以某個角度照射在鏡子上時，必定會以相同的角度彈開來。這個法則稱為「反射定律」（圖6）。

　　鏡子照出來的物體影像看起來像在鏡子的背後，也就是說鏡子背後並沒有這個實際的物體。這是怎麼一回事呢？

　　光線會從光源點S向四面八方射出，其中我們要探討的是射向鏡子而進入眼睛的光線（圖7）。

　　對眼睛來說，這道光線彷彿是從S′點過來的一般。這個S′點是將反射的光線向鏡子的背後延伸所虛構出來的光點。實際上，光並不是從S′點發出的，因此S′點可稱是S點的「虛像」。

圖6 反射定律

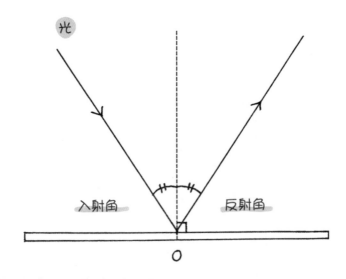

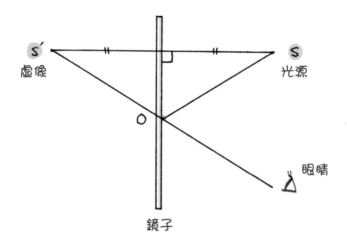

圖 7　鏡子照出的光源與虛像

這一邊的喵老師是虛像。

● 因為漫射才看得見東西

在像鏡子那樣光滑的表面上，光才會朝同一個方向反射。大部分的東西即使乍看很平滑，但其實表面都是凹凸不平的。所以即使個別的小區塊會遵守反射定律，但是整體來說，光會朝著各種不同的方向反射出去。這樣的反射現象稱為「漫射」。

我們在白天能看見彼此，是由於太陽光照射到我們，漫射出去的光有一小部分進入我們的眼睛的緣故（圖8）。因此雖然直接看太陽時會覺得刺眼，但進入眼睛的漫射光線只是太陽光的一小部分，不會讓人覺得刺眼。

平常我們能看得見東西，就是因為太陽或電燈等發出的光線照到物體再漫射出來的關係。

圖8　漫射與全反射

我們能看見東西，是因為太陽光等光線照到物體漫射出來的關係。

好亮喔！

閃

閃

全反射

製作鏡子

　　大家都知道鏡子是玻璃做的。但鏡子的主角其實不是玻璃。玻璃的背後要鍍上薄薄的一層銀，才能發揮鏡子的作用。銀之類的金屬被磨得閃閃發亮時，會將光全部反射。因此，只要是金屬按理都可以做成鏡子。古時候有所謂的青銅鏡，是將銅與錫的合金磨成鏡子。歷史課本常常會出現青銅鏡背面的樣子（表面則是光滑的鏡面）。但是像青銅鏡這種直接用金屬做成的鏡子會慢慢生鏽，所以不時需要磨光，而且整面鏡子都用金屬製造也顯得很笨重。

　　玻璃鍍銀的鏡子，只使用了少量不易生鏽但價格較高的銀，將它鍍在玻璃後面因此不易刮傷，也不需要磨光，是十九世紀中期發明的優秀產品。

　　現在一般的玻璃鏡，都是在玻璃背面鍍上薄銀，而且為了增強耐用度，會再鍍上一層銅，最後塗上赭石（氧化鐵的天然顏料）。如果你用砂紙仔細地磨去鏡子的背面，就可以看到上述構造。

圖9　鏡子的構造

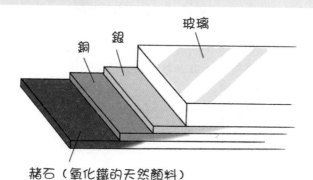

玻璃
銅　銀
赭石（氧化鐵的天然顏料）

雖然是無色透明的物質，磨成粉末看起來卻是白色

　　當光照到冰與玻璃等無色透明的物質時，絕大部分光線會從物質的另一邊穿透過去。

　　但是，有時候無色透明的物質本質上沒有改變，但看起來卻是白色的。

　　比如說，把透明玻璃變成毛玻璃時，表面就會變得凹凸不平而產生漫射，因此毛玻璃表面就變成白色的（如果把毛玻璃沾上水，凹凸部分被水填滿變得平整，又會變成透明的）。

　　任何無色透明的物質磨成粉後，看起來都是白色。事實上，無論這些物質再怎麼透明，其表面都會造成一點反射。磨成粉後，表面積大量增加，反射量也會隨之增加，使它看起來變成白色的。

　　玻璃粉末、刨冰、白雪等，都是因為光在無數的物質表面上經過不斷反射，看起來才會是白色。

　　除了固體之外，液體的微粒同樣也有這種現象。如雲、浪花等，看起來都是白色的。

圖 10　無色透明的物質磨成粉後看起來是白色

無色透明的冰
磨成細粉後，看起來是白色的。

這是因為表面積增加，光的反射也跟著變多了

4　光在不同物質的交界面時會同時產生反射與折射

當光穿過水或玻璃等不同的物質時，光除了反射之外，還會折射。

筷子插入水中看起來像折斷了一般、透鏡會形成各種影像，這些現象的由來就是光的折射性質所造成的。

● 光的彎曲是走捷徑

大家大可如此解釋光的彎曲現象：光在水中或玻璃裡走得不像空氣中那麼快，為了在短時間內抵達目的地，光會盡量走捷徑、偏往路程較近的方向。

圖 11　光的折射

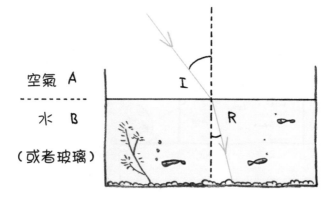

圖 11 的角 I 是「入射角」、角 R 是「折射角」。此時：

・當 A 是空氣、B 是水（或者玻璃）的時候　　　　I ＞ R
・當 A 是水（或者玻璃）、B 是空氣的時候　　　　I ＜ R

滿足 I ＜ R 條件下的反射光，是當 I 在某個角度時，R 會變成九十度，I 如果超過這個角度時，折射光就會消失，所有的光線都會被反射掉。這種現象稱為「全反射」。

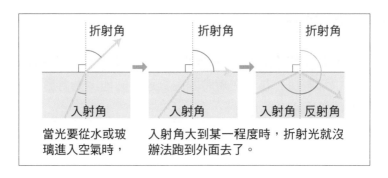

當光要從水或玻璃進入空氣時，

入射角大到某一程度時，折射光就沒辦法跑到外面去了。

潛在游泳池裡仰望天空

　　潛在游泳池裡往上看，可以看到一圈圓形的天空。視角超過某個角度以後會變成全反射，因此只有在這個角度的範圍內才能看到天空。

　　魚兒在水裡看到的想必也都是這種圓形的天空吧。

圖 12　在游泳池裡看到的天空景象

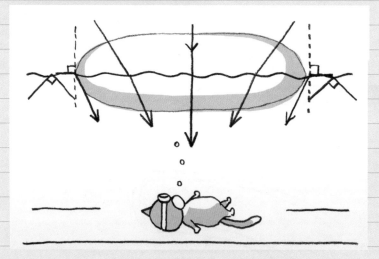

光纖運用了全反射的原理

　　照胃鏡用的纖維鏡（fiberscope）是將幾萬條非常細的玻璃纖維集成一束所製成，藉由玻璃纖維傳送光線。光纖也是運用相似的原理。

　　堪稱未來通訊主力的光纖通訊，就是透過光纖傳遞光信號的通訊方式。

　　光纖是用高透明度的石英、玻璃或塑膠等製成。從一端射入的光線進入光纖內壁時會形成全反射，因此仍然會留在光纖裡，再碰到內壁時又會再產生全反射，光就這樣不斷地在光纖裡反覆前進。

圖 13　光纖的構造

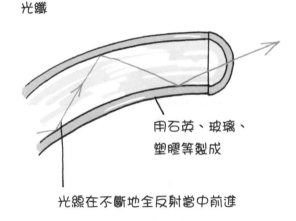

光纖

用石英、玻璃、塑膠等製成

光線在不斷地全反射當中前進

白天時，天空是紫色到藍色的光在散射；到了黃昏，太陽光通過大氣的距離變長了，就只剩比較不易散射的紅光能被看見。

5　凸透鏡是利用光的折射

　　透過稜鏡（用玻璃等透明物體製成的三角柱）觀看稜鏡另一邊的鉛筆時，鉛筆看起來在哪裡？讓我們畫個圖來看看。如圖 14 所示，人這樣觀看稜鏡時，鉛筆看起來會比實際所在的位置更高一點。

● 透鏡可視為是由稜鏡組合而成

　　凸透鏡可以被想成是由稜鏡與玻璃板組合而成（圖 15）。

　　當平行的光線射向凸透鏡時，通過凸透鏡的光線會匯聚到一個點上，這個匯聚點稱為「焦點」。

　　從凸透鏡的中心到焦點的距離稱為「焦距」（圖 16）。另外，「焦」這個字亦有「燒焦」、「烤焦」的意思。

圖 14　稜鏡的原理

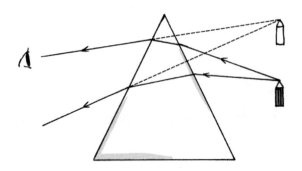

圖 15　稜鏡與凸透鏡

凸透鏡可被視作是由稜鏡與玻璃板
組合而成的東西。

圖 16　凸透鏡與焦點

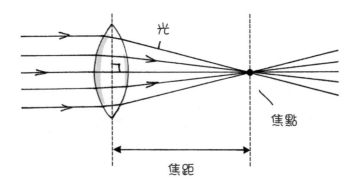

光

焦點

焦距

6　用作圖來探討凸透鏡的成像

　　本節將用作圖來探討凸透鏡的成像（圖 17）。凸透鏡的成像，以作圖來探討最容易理解。

　　作圖上有兩個要點：

① 通過透鏡中心的光線都是直進的。
② 平行透鏡主軸的光線，受透鏡折射後，都會通過鏡後焦點。

　　因為無法一一畫出所有的光線，所以只挑出最具代表性的線來畫。

　　另外還有一點：

圖 17　從作圖來理解凸透鏡的成像

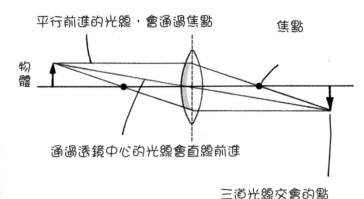

平行前進的光線，會通過焦點

焦點

物體

通過透鏡中心的光線會直線前進

三道光線交會的點

③ 通過鏡前（與物體同一邊）焦點的光線，受透鏡折射後，會平行透鏡主軸前進。

問題　在前面的例子（圖 17）裡，將物體移近焦點時，與此例中的情況比起來，成像的位置有何不同？成像的大小又有何不同？請用作圖討論之。

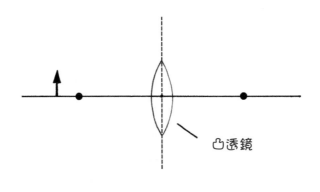

凸透鏡

答案　成像位置：離凸透鏡更遠

成像大小：變得更大

● 通過焦點的光才會成像

物體發出來的光通過凸透鏡，便會如上所述，匯聚起來形成影像。要是我們在成像的地方放一個螢幕的話，影像就會照在螢幕上。這時的影像稱為「實像」。

那麼，要是我們讓物體更靠近凸透鏡，越過了焦點的話，會變成什麼樣子呢？（圖 18）

圖 18　當物體比焦點更靠近時會怎樣？

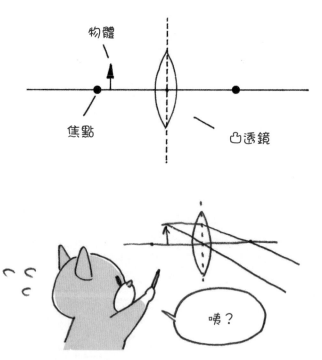

● 物體比焦點更近時，會變成放大鏡

請試著用作圖來探討。

很可惜的是，通過凸透鏡的光並不會聚集成影像。但是若我們在此將 a 線與 b 線延伸出去的話，兩條線將會在物體的背後交會（圖 19）。

這時，從物體的另一邊透過凸透鏡觀看物體，會看見放大的影像。這個影像並非真的由光線聚集而成，所以不會照在螢幕上。

此影像稱為「虛像」。放大鏡（loupe）就是以凸透鏡的虛像為原理而創造出來的。

圖 19　放大鏡的原理是虛像

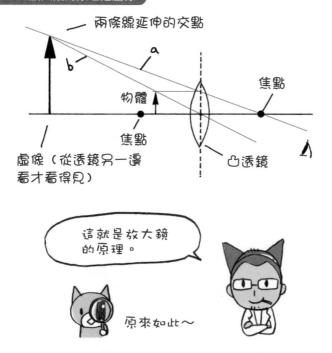

紙張被凸透鏡燒焦時的光點是什麼？

你有用凸透鏡把紙張燒焦的經驗嗎？

這時紙上會出現一個聚集光線的點，該光點實際上是太陽的實像，所以是圓形的。

如果使用凸透鏡聚集日光燈的光線，就不會出現圓形，而是日光燈的形狀。

另外，只要是類似凸透鏡形狀的東西都會集中太陽光，所以放在窗邊的瓶子、魚缸、車窗上的吸盤等等都有可能引起火災。

圖 20　匯聚日光燈的光線的時候

● 凹透鏡屬於發散透鏡

　　凸透鏡是能夠聚集光線的聚光透鏡。凹透鏡正好相反，屬於發散透鏡。

　　凸透鏡是由中間較厚的稜鏡組合而成（27 頁，圖 15），凹透鏡則與凸透鏡相反，是由兩邊較厚的稜鏡所組成的（圖 21）。

圖 21　稜鏡與凹透鏡

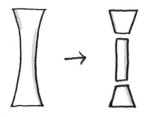

凹透鏡是以會讓光向邊緣發散的稜鏡組合而成。

● 近視、遠視與眼鏡

　　眼睛是透過調節水晶體（透鏡）來達到聚焦（圖 22）。近視的成因主要是因為影像經過水晶體調節後，仍然落在視網膜前方，所以近視的人無法看清楚遠方的物體（圖 23）。

　　遠視的成因則是近距離物體的成像落在視網膜的後方，所以遠視的人無法看清楚近距離的物體（圖 23）。

　　因此，患有近視與遠視的人必須配戴眼鏡來矯正成像的位置（圖 23）。

圖 22　正常的眼睛

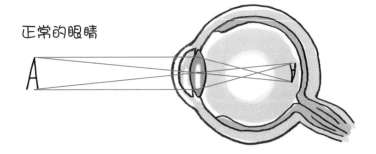

正常的眼睛

圖 23　近視眼和遠視眼

近視眼

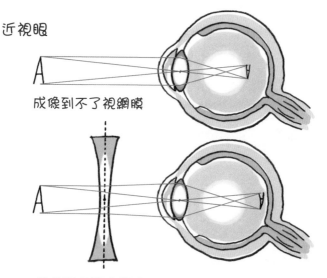

成像到不了視網膜

透過凹透鏡才看得見

遠視眼

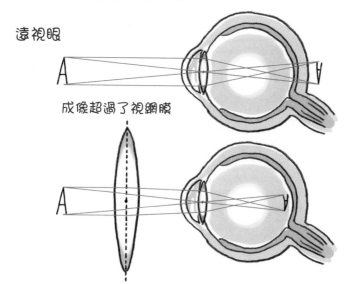

成像超過了視網膜

透過凸透鏡才看得見

7 紫外線與紅外線

　　太陽光通過稜鏡時，光線會被稜鏡分散開來，呈現出連續的色帶（圖24），包括紅色、橙色、黃色、綠色、藍色、靛色和紫色。這7種顏色的光就是肉眼可以看得到的光線（可見光）。

　　下雨過後，天空會出現彩虹，是因為懸浮在空氣中的大量水滴，每一滴都發揮了如稜鏡的作用，將可見光從紅色到紫色層層分離開來。

● 眼睛看不見的光線大約在兩百年前發現

　　距離現在大約兩百年前，人們發現了眼睛看不見的、位於稜鏡分光帶紅色與紫色外側的紅外線與紫外線。

圖24　用稜鏡分解光線

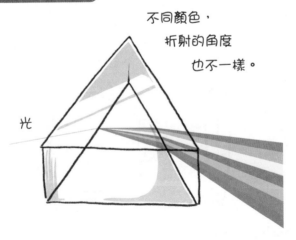

不同顏色，
折射的角度
也不一樣。

光

圖 25　光的同類

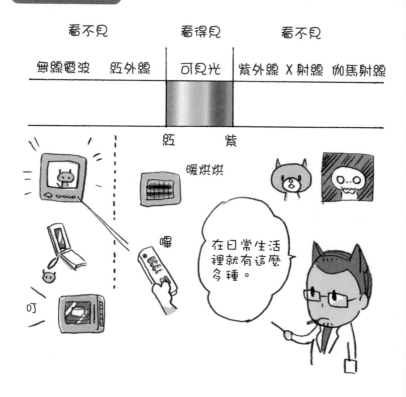

研究其性質後發現，原來紅外線與紫外線也是光的同類。

紅外線因為有使物體加溫的性質，又稱「熱線」。事實上，我們身邊的一切物體，或多或少都會放射出紅外線。

● 強而有力的紫外線

紫外線具備改變東西性質（化學作用）的能力，它能殺死細菌，也能把人曬黑或曬傷。棉被可以藉由曬太陽來消毒，就是運用了紫外線的殺菌作用與乾燥效果來殺死細菌。

紫外線的波長從大到小的順序為：A波＞B波＞C波。其中波長最短的C波在大氣上空就被吸收掉了，不會到達地面上。波長居次的B波則會被大氣上空的臭氧層吸收。B波會造成比A波更強的化學作用，對於人類等生物的身體都非常不好。現在因為臭氧層遭到破壞、出現破洞，B波得以到達地面上，因此我們才需要進行各種抑制臭氧層破壞的行動，例如減少破壞臭氧層的罪魁禍首「氟氯碳化物（CFCs）」。

● 可見光只占光線很小的一部分

我們已經知道紅外線、紫外線的外側還有其他的光線同類（圖25），人眼可以看見的可見光只是廣大光線類型中的一小部分而已。

38

8 物體的振動

用絲線或繩子綁一個擺錘，以支點為中心擺動，我們稱此為「鐘擺」。

鐘擺的長度指的不是繩子的長度，而是從支點到擺錘中心（重心）的距離。現在，請試想你正在擺動一個長 25 公分的鐘擺。

將鐘擺從手上放開，鐘擺就會來回擺動。像鐘擺這樣週期性的運動稱為「振動」。

振動物體從平衡位置算起、最大的傾斜幅度稱為「振動的振幅」。圖 26 中，鐘擺振動的振幅等於 OA 或者 OB，兩者是相等的。

圖 26　鐘擺

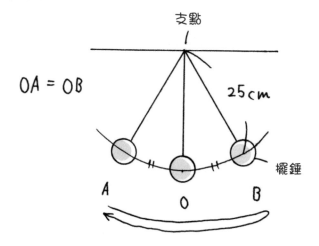

擺鐘從一端擺盪出去後，再擺回原點，算作擺盪一次，稱為「振動的週期」。擺盪一次的時間（週期）＝擺盪次數的總時間÷擺盪次數。

　　例如，十秒鐘內擺盪十次的話，擺盪一次的時間（週期）就是一秒鐘。

● 鐘擺的奇妙特性：「等時性」

　　同樣的鐘擺（長度相同），振幅變大變小時，擺盪一次的時間會有什麼變化呢？

　　或者，同樣長度的鐘擺，擺錘變重變輕時，擺盪一次的時間又有什麼不同？

　　經過實驗之後可以發現，鐘擺擺盪一次的時間與擺盪幅度或擺錘重量都沒有關係，而是由鐘擺的長度所決定。這個特性稱為「鐘擺等時性」。擺鐘就是利用鐘擺的等時性來計時。一秒內擺動的次數稱為「頻率」，擺動一次的時間為一秒時，其頻率稱為「一赫茲」。

　　振動就震動的樣態。將彈簧接一個擺錘，用手將擺錘往下拉再放開時，擺錘會開始上下振動。地震就是地球表層的快速振動。

9　聲音是物體的振動

　　當物體的振動頻率介於 20～20,000 赫茲之間，也就是一秒鐘擺盪 20～20,000 次時，對我們的耳朵來說，這個振動就會變成聽得到的聲音。另外，我們能聽得到的最低音與最高音，隨著個人身體與年齡不同，會稍微有一點差異。

　　因此，當聲響的頻率比 20 赫茲更小、或比 20,000 赫茲更大時，無論振幅多大，耳朵都沒辦法聽得到。

　　會叮人的蚊子，翅膀一秒內可震動達 500 次。當蚊子接近時，人會聽見聲音是因為其振動是在我們可聽見的聲音範圍之內。蚊子翅膀振動的頻率為 500 赫茲。

圖 27　聲音是透過振動空氣來傳遞

　　鐘的聲音（振動）透過空氣傳入耳朵，讓我們聽到。

● 物體振動須晃動空氣才會成為聲音

物體會發出聲音，一定是作出抖動、搖晃等等振動，透過空氣的傳遞，我們的聽覺才會感受到這些物體振動所造成的聲音（圖27）。

例如說，用力敲一下太鼓時，週遭的東西也會開始振動，此現象是因為太鼓的振動帶動了空氣的振動，空氣的振動再引發週遭物品的振動。耳朵中的耳膜也會隨著空氣的振動而振動，這個振動信號透過神經傳到大腦中，就被感知為聲音。如果我們在真空環境中打太鼓，因為沒有空氣可以傳遞振動，這些振動也無法傳播到四周。

能傳遞振動的不只是空氣，繩子、水或鐵製物品等等，只要是物體都可以傳遞振動。

傳遞過來的振動由我們的耳朵接收，才會被當作是一種聲音。

● 聲音的大小高低，與振動有關

我們來看看聲音的大小高低與物體振動的關係。

用力彈一下吉他的弦，就會產生比較大的聲音，這時弦的振動幅度也比較大。

聲音的大小取決於發聲物體振動的幅度，物體的振幅越大，聲音越大；反之，則聲音越小。

如果將吉他的弦縮短，會發現發出的聲音比較高。琴弦縮短時，頻率會跟著變高。

聲音的頻率是由發聲物體振動的頻率（振動的次數、速度）來決定，頻率越高，聲音就越高。

蜜蜂與蚊子的振動頻率

　　蜜蜂一秒鐘拍動翅膀 200 次，牠的聲音頻率就是約 200 赫茲。蚊子則是一秒鐘拍動 500 次，聲音頻率大約 500 赫茲。因此，蚊子發出的聲音比較高。

　　我們會將頻率高於 20,000 赫茲、耳朵聽不見的聲音稱為「超音波」，它有許多的用途。比如說，有些機器可以在水中發出超音波，從它碰到物體反彈回來的聲音來測量海底的深度或者發現魚群。甚至還可以用超音波來觀察母親體內的胎兒。

圖 28　蚊子與蜜蜂的翅膀聲

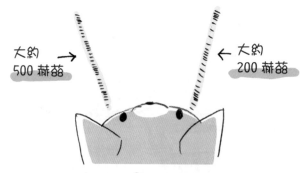

1 秒內的拍動 500 次　　　　1 秒內的拍動 200 次

 大約
500 赫茲　　　　　　大約
200 赫茲

振動頻率較高的蚊子，發出的聲音比較高。

10　聲音的介質與傳遞速度

進入我們耳朵的所有聲音，都是透過空氣所傳遞。在抽光空氣的真空中，光可以前進，但聲音則沒辦法傳遞。因此沒有空氣的外太空，是沒有聲音的世界。

聲音在空氣中傳遞的速度是每秒約 340 公尺（每小時約 1 千 2 百公里）。溫暖的空氣傳遞速度會稍微快一點，寒冷的空氣傳遞則會稍微慢一點。「超音速飛機」名稱的由來即指飛行速度超越了音速。

聲音也可以在固體或液體中傳遞。聲音在水中傳遞的速度比空氣快 4 倍，在鋼鐵中則會比空氣快 15 倍。

鋼鐵的傳播速度
比空氣快十五倍。

自己的聲音錄下來怎麼會……？

　　第一次從錄音機聽到自己的聲音時，你是不是會感覺怪怪的？你可能會覺得：「說話內容的確是我講的，但是怎麼聽都不像自己的聲音啊。」但想必別人對這些聲音反而不覺得奇怪，會說這就是你的聲音吧。

　　我們平常聽到自己說話的聲音，並不是只透過空氣傳遞，再傳到耳朵裡的。

　　自己在說話時，透過我們嘴巴、鼻子、下巴等各種骨骼與肌肉組織傳遞的聲響也會一併傳到聽覺神經上。由於這些透過各種固體、液體傳遞的聲響，與在空氣中傳遞的速度與吸收的方式都不一樣，因此聽起來的感覺也會有所不同。

圖 29　自己的聲音聽起來怪怪的

這是我的聲音嗎？？

真失望

幹嘛失望？

喵老師～

平常自己聽到自己的
聲音中，也包含了透過
骨骼或肌肉組織傳遞的
聲響。

啊

雷電的聲音與光

　　打雷的聲音與光是同時產生的，但是總是在看到閃電之後才聽見聲音。這是因為聲音的傳播速度比光慢的關係。畢竟光速是每秒約30萬公里，而音速只有每秒約340公尺而已。

　　計算從閃電到打雷之間的秒數，再將它乘以340公尺，就可以算出雷電與自己的距離。

圖30　雷電與光的關係

第 2 章

力學入門與壓力

將「一切物體受力都會變形」及「聲音就是物體的振動」兩個概念結合起來，就可以知道敲打東西之所以會發出聲音，是變形所造成的。現在就以「物體在一定範圍內皆有彈性」這個概念為基礎來學習力學的基本概念。另外，我們也會學習到「壓力」不是一種力，而是與力有密切關係的另一種量。

1 力是什麼？

一開始是靜止的物體，絕不會自己動了起來。物體一定是受到推動或拉扯才會移動。

這時可以說「這個物體受到了力」。

依據不同的情況，會有「作用力」、「施力」、「受力」等說法。

物體受到（其他物體所施的）外力而移動，為了簡潔起見，書中盡量會以「物體受力」稱呼之。

● 物體受力的三種情況

既然有「受力的物體」，必定有另一個「施力的物體」。「力」一定是作用在物體與物體之間。

物體受到一股力時，會出現下列三種情況下：

① 物體的形狀改變。
② 物體被提起來或支撐起來。
③ 物體的動作被改變（靜止的物體動了起來、移動的物體靜止下來，也就是運動的速度或方向遭到改變）。

靜止的物體會開始移動，不一定只受到一股力（圖 1-A），也有可能是受到兩股相反方向的力。物體會移動，必定是在其移動方向所受的力比較強大的關係（圖 1-B）。

圖 1　正反方向都受力的情況

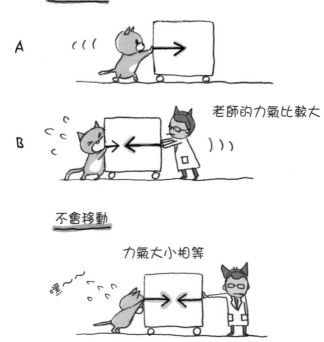

靜止的物體不會移動，除了靜止時未受力以外，也有可能是受到相反方向的相等力量。

● 物體不用接觸就會產生作用力

一般來說，力是在物體與物體接觸時相互作用。如果我們把焦點放在其中一個物體上，它所受到的力是來自與其接觸的另一物體。

但其實物體不用接觸也會產生作用力，包括在國中時學過的地球的引力（重力）、磁鐵的力，以及電的力等等。

物體的變形與彈性

　　物體都具有一種性質，當它受到（其他物體所施的）外力時會變形，而外力消失時就會變回原形。這種性質稱為「彈性」。彈性最適合用彈簧來比喻，當我們去拉彈簧時它會伸長，而不拉的話，彈簧又會變回原本的長度。

　　問學生：「有哪些東西看來好像沒有彈性呢？」最容易想到的例子就是玻璃棒與鐵棒，教室裡硬梆梆的桌子也被認為沒有彈性。把玻璃棒水平置放在架子上，玻璃棒正中央掛上幾個砝碼，這時玻璃棒會開始彎曲。將砝碼拿開時，玻璃棒又會恢復原狀。但是掛上去的砝碼若是超過一定的量，玻璃棒就會被折斷。

　　鐵棒與桌子其實也有彈性。所以，任何物體都具有彈性，也就是彈簧的性質。

圖 2　鐵棒也有彈性

在固體中，原子、分子的排列只有一點點空隙（原子在其中振動）。受力時，這個空隙會稍微縮小一點。力消失時，又會回到原形，原子、分子就像是用強力的彈簧連結起來一般。如果再施更多力，導致物體沒辦法變回原形，此一極限即稱為「彈性限度」。

輕輕敲桌子時會有聲音。正如我們在第一章所學，物體若沒有振動就不會發出聲音。物體要能夠振動，就需要變形後能再恢復原形的彈性。由此可知，乍看之下沒有變形的固體，只要敲了會發出聲音，就具有彈性。

從今以後，看到桌子、天花板、砝碼等物體時，請把它們想成通通具有彈簧的性質。

図 3　發出聲音就是有彈性

發出聲音＝在振動

因為具有變形了還會恢復原狀的彈性，才會發出聲音。

2　上下的下方，是朝向地球的中心

　　只要生活在地球上，就絕對脫離不了地球引力的影響。就算往天空猛跳，也一定會掉回地面上。若是將手中的物體放開，它也一定會往下掉。

　　這是因為地球上所有的物體都會受到一股力量拉著，而此力指往地球的中心（圖4）。因此即使位於地球底端的人，也不會從地球掉出去。我們稱這個地球的引力為「重力」。重力是萬有引力的一種。萬有引力，是具有質量的物體之間相互吸引的力量。它與兩個物體的質量成正比，與距離的兩倍成反比，會在一

圖4　重力是什麼

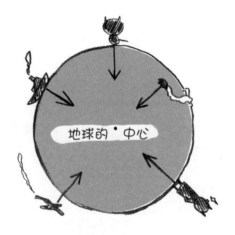

重力＝地球的引力

地球的．中心

地球上的物體都被吸往地球的中心方向。

切物體之間起作用。因此人類之間彼此也有吸引力,但質量實在太小,因此可以被忽略。質量必須大到如地球或月球那般,引力才會大到不可忽略。月球上的引力大約是地球的六分之一。

● 一公斤的物體,重力作用大小為一公斤重

在地球上,質量一公克的物體所作用的重力大小為一公克重。一公斤的物體則作用一公斤的重力。

公斤重或公克重,都是力的單位。但現在國際通用的力量單位是牛頓(N)。一牛頓約為 0.1 公斤重,更正確的說法是一公斤重＝ 9.8N。

萬有引力與重力

　　世間萬物都會相互吸引，而使物體彼此吸引的力量稱之為「萬有引力」。萬有引力於西元17世紀由英國數學家與物理學家牛頓（Newton）所發現。

　　桌子、椅子、課本或筆記之間，都有引力在作用。當然人與人之間，人與桌子之間，也同樣有引力在作用。但是我們是感覺不到這股力量的，因為這之間的引力非常微弱。引力會如此弱，是因為萬有引力具有質量越大、引力越大的性質。

　　地球的質量比起地面上任何物體都巨大得多，因此地面上任何物體都會與地球相互吸引，而這股引力大到無法忽視。地球上的物體當然也吸引著地球，但其力量大小對地球而言完全不痛不癢。

　　由於地球與地球上物體之間的萬有引力，地球會將地球上所有的物體，無論是人類、石頭或砝碼，都往地球中心吸引過去。所以若沒有東西支撐，物體就會往下掉。

　　以地面為基準時，物體總是以垂直於水平面的方向被向下拉。不論是日本、中國還是美國，每個地方的吸引方向都指向地球的中心方向。所以地球的中心方向就是「下方」。

　　地球將物體往中心方向吸引的力，就稱為「重力」。在彈簧上掛上砝碼時，因為砝碼受到地球的吸引，所以也會連帶將彈簧向下拉。

圖5　萬有引力

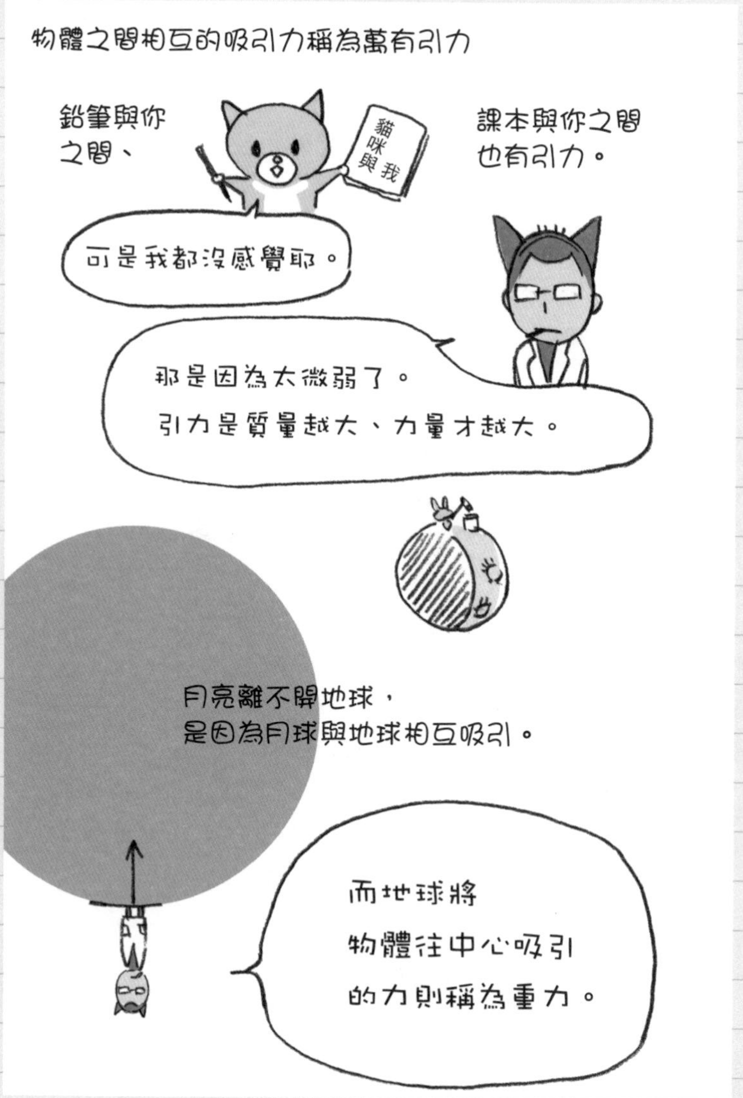

物體之間相互的吸引力稱為萬有引力

鉛筆與你
之間、

課本與你之間
也有引力。

可是我都沒感覺取。

那是因為太微弱了。
引力是質量越大、力量才越大。

月亮離不開地球，
是因為月球與地球相互吸引。

而地球將
物體往中心吸引
的力則稱為重力。

● 具有 N 與 S 兩極的磁鐵

我們順便來談談磁鐵的力與電荷的力吧。

磁鐵具有 N 極與 S 極兩種磁極。

磁極不同，互相吸引。

　　→N 極與 S 極

磁極相同，互相排斥（圖 6）。

　　→N 極與 N 極、S 極與 S 極

圖 6　磁鐵的力

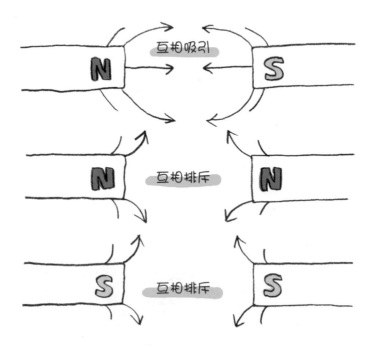

兩個磁鐵會互相吸引，是在不同磁極時。

● 電有分正負

電分為正電與負電兩種。

種類不同，互相吸引。

　　→正電與負電

種類相同，互相排斥（圖 7）。

　　→正電與正電、負電與負電

圖 7　電的力

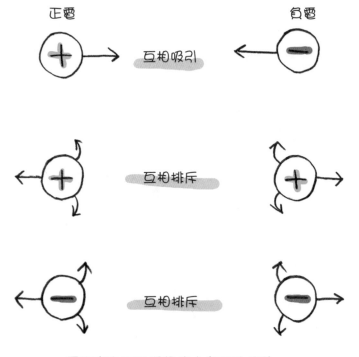

電只有在不同種類時才會互相吸引。

逃跑的吸管

　　用墊板摩擦頭髮時，墊板會將頭髮吸附起來。這是因為摩擦產生了靜電，而墊板與頭髮分別帶著不同種類的電，所以會相互吸引。

　　在此要介紹一個關於靜電互相排斥的簡單實驗。

　　如圖 8 所示，在一支吸管上，放上正中央釘著一支大頭釘的另一支吸管。另外再找一支吸管，從包裝紙中抽出，靠近組合在一起的兩支吸管中橫放的那支，這時吸管會逃開。但是如果改用包裝紙去接近的話，吸管就會靠近過來。

圖 8　逃跑的吸管

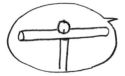

首先將兩支吸管裝好

再將吸管從紙袋中抽出靠近時⋯⋯

這時靜電產生了

不同種類的電會

相互吸引

3 力的基本性質：「作用力與反作用力」

現在，請用指頭去壓你身邊的某樣物品（比如說桌子）。

指頭在壓的時候，物品有可能不往回頂嗎？

無論你多麼輕輕地壓，指頭都會被這個物體反頂回來。「壓東西就會被往回頂」、「拉東西就會被往回扯」是必然的。

這種現象就是所謂的「作用力和反作用力定律」（圖9）。

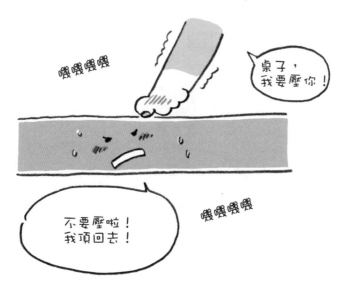

● 力學基礎：「作用力與反作用力」

作用力和反作用力定律可綜合如下：

① 物體對物體所作的力是相互影響的，不可能只有單一方面朝對象物體施力，而不受到對象物體所施加回來的力。
② 作用力與反作用力，方向相反、大小相等。

「壓東西就會被往回頂」的「壓」與「回頂」，兩者是同時產生的。

而兩個力的方向相反，大小相同。

以 A 物體及 B 物體來表示的話，A 受到 B 的力時，B 也會同時受到 A 的力。

力的作用，總是成雙成對（couple）的。

圖 10　地球與人類的互相吸引

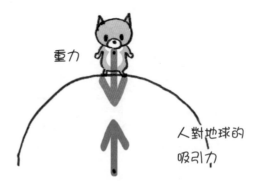

力的方向相反、大小相等

圖 11　彈簧與砝碼的相互拉扯

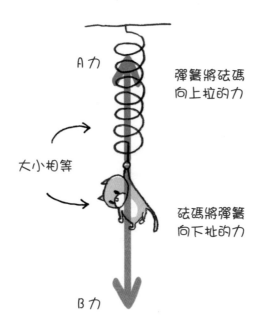

A力

彈簧將砝碼
向上拉的力

大小相等

砝碼將彈簧
向下扯的力

B力

● 地球與人類是互相吸引的

　　地球上的人類受到重力的同時，地球也會同時受到人類所吸引（圖 10）。體重 60 公斤的人，對地球的吸引力大約是 600 牛頓，但地球非常地重，所以這樣的力對它而言不痛不癢。

　　砝碼被彈簧向上拉時，彈簧也被砝碼以同樣大小的力拉著（圖 11）。這邊的 A 力與 B 力，並非作用在同一物體上，A 力施加於「砝碼」之上、B 力的受力者則是「彈簧」。

4 彈簧的伸縮量與力成正比

　　物體受力就會變形。這時，物體的變形程度隨著所受之力的大小而有所不同。以彈簧來說，就是伸長的量不一樣。

　　將彈簧掛上砝碼並觀察之後，可以發現彈簧的伸長量與拉力的大小成正比（圖 12）。

　　因此當物體被彈簧拉著的時候，從彈簧的伸長量，可以推知物體受到彈簧的力量（拉力）大小。

　　彈簧的伸長量，成為物體受力的測量尺度。

圖 12　彈簧伸長量與力的關係

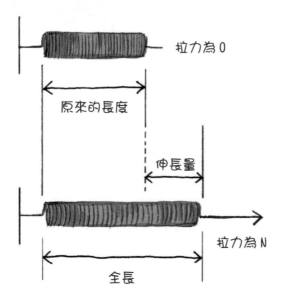

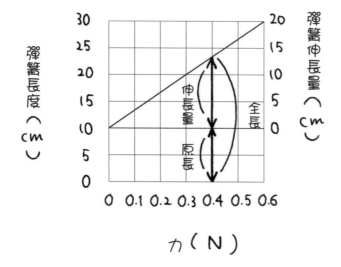

5 質量與重量

　　地球表面是存在著重力的世界。我們能在地球上居住，是因為受到地球重力的關係。

　　我們就算往天上跳，也會被地球拉回來。

　　拿起一樣東西再放開手，它就會往下掉。

　　這些法則不管是飛到地球另一端的南美洲，或是南方的澳洲都一樣。

　　質量，指的是物質本身的量，也就是建構出物質的原子的量（圖 13）。

　　在此我們要把質量與物體受重力的量作一個區別。

　　一公斤的物體，到哪裡都是一公斤，無論是在地球上或者太空船裡都是不變的量。要是在地球上兩個飯糰就能吃飽，到了月球也一樣吃兩個就會飽。

● 重力變小時，重量會減少

　　然而重力在太空船裡或月球上都會變小，兩個飯糰實質的量，也就是質量，並沒有改變，但在太空船裡或月球上都會比地球來得更輕。

　　物體所受到的重力大小稱為「重量」。

　　就算是在地球上，地區不同，重力大小也會稍稍改變（磅秤已將這點修正），重量不像質量是不變量。但是地區所造成的差距非常的小，在國中程度可暫且當作重力相等，也就是重量相等。

圖 13　質量

質量指的是物體本身的量

質量是　　不會改變的

重量是物體所受的重力大小

地球　　　　　月球

重量會隨著地區而改變

　　同一樣物體，離開地球後所受到的重力大小會不一樣。比如說，月球表面上的重力就等於物體受到月球的萬有引力。

　　但是同一物體在月球上受到的重力，只有地球的六分之一左右。因此在月球上就算穿著厚重的太空服也可以輕鬆地跳躍。

　　與重量正好相反，質量無論在月球或者地球都不會改變。

　　所有物體都由原子構成。各原子都有既定的質量，只要構成物體的原子總量不改變，質量就不會變化。

● 造成混淆的原因在於「重」這個字

「重」這個字很容易造成混淆。

在國中小學到密度以前，「重」常常被當作質量的意思在用，學力學的時候往往又把它當作「重量」的意思來用。

重這個字，有時被用在質量的意思，有時被用在物體所受地球的吸引力（重量）上，但我想在日常生活上不論當質量或重量都沒有差別。

但在理科學習上，為了清楚區別這兩者，請避免使用「重」這個模糊的字眼，談到力量大小時就直接用「力量大小」，談物質本身的量就用「質量」一詞。

為了測量某種量值，我們必須決定一個東西作為基準，再與它比較。質量的基準是由位於法國的「國際公斤原器」所決定，各國都以這個國際公斤原器的質量作為「一公斤」，以其複製品為基準來制定質量（圖 14）。「公斤（kg）」、「公克（g）」都是質量的單位。

另外，在地球上質量一公斤的物體重量，大約是 9.8N。

因此物體的重量（N），是運用質量（kg）作如下的表示：

> ・物體重量（物體所受重力的量）= 9.8 N / kg ×質量
>
> ・質量 0.1 公斤的物體重量：9.8 N / kg × 0.1 kg = 0.98 N
>
> ・質量 10 公斤的物體重量：9.8 N / kg × 10 kg = 98 N

圖 14　質量的基準

20 公斤的貓……？

又變胖啦？

老師，重的標準是什麼？

物體本身的量是「質量」，

而質量的基準是「國際公斤原器」。

這就是「1 公斤」
kg 和 g 是質量的單位

6　力要用箭頭表示

要表示物體所受的力，必須要有下列三項：

① 大小
② 方向
③ 作用點（受力點、施力點）

　　要在一個點裡面同時表示出上述三項是不可能的。所以，我們從③的作用點開始畫出一條箭頭，其長度代表力的大小，箭頭方向代表力的方向（圖 15）。

圖 15　箭頭所表示的力

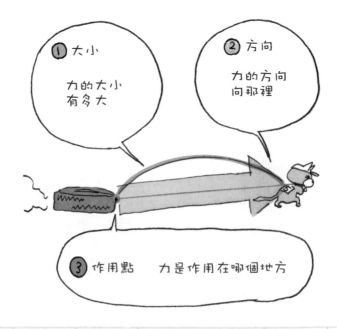

● 注意重力的作用點

　　物體之間互相接觸所作用的力，是以接觸的地方為作用點。
若接觸部分為一整個面的話，就選具代表性的點作為作用點。

　　像重力等不接觸也會作用的力，則以物體的中心（正確來說
是重心）作為作用點（圖 16）。

圖 16　重力作用點即物體的重心

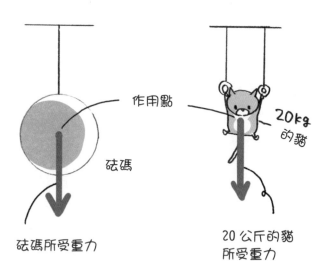

作用點

砝碼

砝碼所受重力

20kg
的貓

20 公斤的貓
所受重力

像重力這樣不接觸也會作用的力，
以物體的中心（正確來說是重心）作為作用點。

7　如何找出物體的受力

　　雖然我們知道了力的箭頭畫法，但如果不了解物體是怎樣受力的話，也沒辦法畫出圖示。

　　請按照下列順序來思考：

> ① 馬上找出我們所注意的物體。首先看清楚問題是出在哪個物體上，如彈簧、砝碼、牆壁⋯⋯等等。
> ② 將重力從物體中心開始向下畫出。在地球上，所有物體一定會受到重力。但若是在忽略質量的情況下就不用畫。
> ③ 看看與物體直接有接觸的其他物體，是不是對它有推力？還是對它有拉力？將力的箭頭畫出來。
> ④ 在物體靜止時，若物體確實受到某一股力的話，必定還存在著另外一股力。這股力與我們已知的力大小相同、方向相反。

　　其中尤以第四項是非常好用的方法。

　　物體受到重力時若是靜止狀態，必定在某處有受到與重力大小相同、方向相反的力。

　　還有一點可供參考，若把你自己想像成物體本身來思考也會很有效。

問題 請畫出一個砝碼吊在繩子上所受的力。繩子的質量忽略不計。

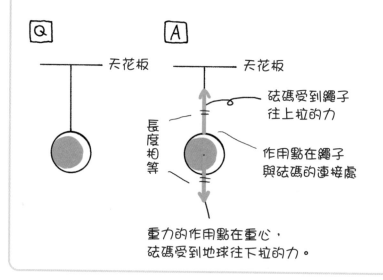

Q　　　　　A

天花板　　　　　　天花板

長度相等

砝碼受到繩子往上拉的力

作用點在繩子與砝碼的連接處

重力的作用點在重心，砝碼受到地球往下拉的力。

① 這題的重點在於砝碼！

② 從砝碼的中心點向下畫出重力（在沒有指定多少牛頓或多少公分時，畫任意長度都可以）。

③ 接觸砝碼的只有繩子而已。砝碼將繩子向下拉（這個力是作用在繩子而不是砝碼上），但根據作用力和反作用力定律，繩子也會將砝碼向上拉（這個是砝碼所受的力）。

④ 既然砝碼是靜止的，②的重力應該要有一股大小相同、方向相反的力。也就是繩子將砝碼向上拉的力。向下有重力、向上有繩子拉力，所以砝碼才會是靜止的。

問題 請在 Q1、Q2 中畫出指定的物體所受的力。

Q1：例題中的繩子（繩子的質量忽略不計）
Q2：桌子上的砝碼

Q1 掛著砝碼的繩子

繩子？！

Q2 桌子上的砝碼

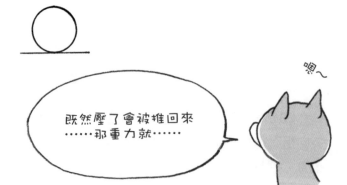

既然壓了會被推回來
……那重力就……

嗯～

答案

A1　掛著砝碼的繩子

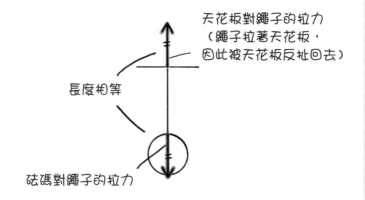

天花板對繩子的拉力
（繩子拉著天花板，
因此被天花板反扯回去）

長度相等

砝碼對繩子的拉力

A2　桌子上的砝碼

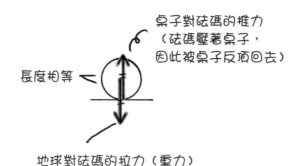

桌子對砝碼的推力
（砝碼壓著桌子，
因此被桌子反頂回去）

長度相等

地球對砝碼的拉力（重力）

再請教一個問題。

我們將（質量忽略不計的）彈簧的兩端掛著相同質量的砝碼，彈簧伸長到某一程度之後靜止（如下圖所示）。

如此一來，如果我們將彈簧的一端固定在牆壁上，只掛一個砝碼時，彈簧的伸長量與先前比起來會有什麼變化嗎？

讓我們用作圖來探討彈簧所受的力吧。

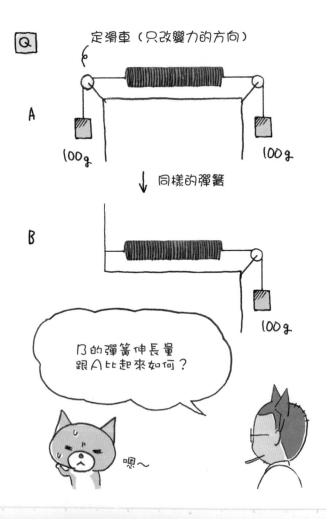

答案

A 彈簧伸長量相同

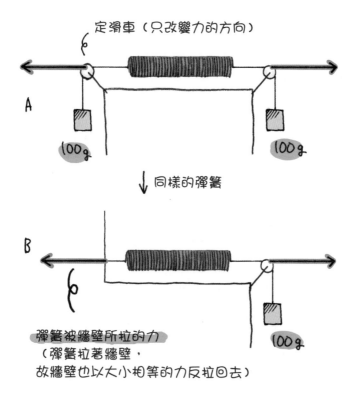

定滑車（只改變力的方向）

A

100g   100g

↓ 同樣的彈簧

B

彈簧被牆壁所拉的力
（彈簧拉著牆壁，
故牆壁也以大小相等的力反拉回去）

100g

※彈簧是靜止的
　右側既然受了 0.98N 的力，
　左側往相反方向也是受 0.98N 的力。

8 壓力是面積一平方公尺所受的力

同樣大小的力，其作用面積不同，所造成的效果也不同。

在此，我們將對面積一平方公尺所垂直施加的力稱為「壓力」（圖 17）。

圖 17 壓力

$$壓力 = \frac{垂直於平面所施的力 \quad [N]}{力的作用面積 \quad (m^2)}$$

用手夾著鉛筆時……

食指比較會
感覺到痛。

但是，無論是鉛筆或是手指，
左右兩邊所受的力是相同的。
施力面積不同，效果也不一樣。
我們將垂直於面積 1 m² 所施的力量大小稱為壓力。

● 壓力的單位為帕（Pa）

　　壓力的單位，以帕斯卡，簡稱帕（Pa）來表示。

　　帕的大小為 $1\,N\,/\,m^2 = 1\,Pa$。

　　我們所居住環境的氣壓，用帕來表示大概是十萬帕。因為數字太大，因此我們加上代表一百倍的「hecto(h)」，用百帕（hPa）來表示。這樣氣壓大約是一千百帕。

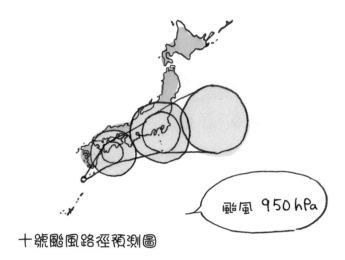

$$1\,N/m^2\ =\ 1\,Pa \qquad 100\,Pa\ =\ 1\,hPa$$

「百帕」常可在颱風報導中看到，
為氣象上常用的氣壓單位。

颱風 950 hPa

十號颱風路徑預測圖

被大象或高跟鞋踩到的時候

　　穿一般的鞋子踩在雪地上會陷下去，但穿上滑雪板或者雪鞋就不會。這是體重被較廣的面積分散開來，因而壓力變小的一個例子。刀子或釘子則是要讓相同的力可以造成更大的壓力，才會做出鋒利刀刃與針尖。有時我們會在電視上看到所謂的超能力者，在一大堆玻璃碎片上赤腳走路，其實在壓力變小時是可以做到的，並非什麼超能力。但是將腳從玻璃碎片上抬起來時，會掉下一些碎片，其中很有可能會有一、二塊扎進腳裡。

　　插花用的劍山，倒插著許多尖銳的針。我曾讓課堂學生站在劍山上面，結果並沒有受傷。因為大量的針使得每根針平均受的力都變小了。

圖18　象腿造成的壓力

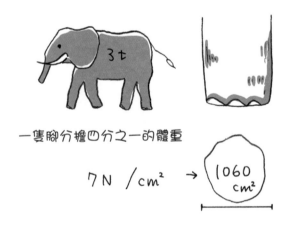

一隻腳分擔四分之一的體重

$7N/cm^2$ → 1060 cm²

　　我朋友曾根據動物園送來的象腳模型計算象腳的面積，以此來假設腳被象踩到以及被高跟鞋踩到的情況。一隻象腳是 1,060 cm²，而整隻象的體重是 3,0000 N，一隻腳約分擔了體重的四分之一（圖 18）。另一方面，穿高跟鞋的小姐體重是 400 N，鞋根面積為 1cm²，一隻腳分擔體重的二分之一（圖 19）。

　　象所造成的壓力為 7 N／cm²，也就是 70,000 N／m²。高跟鞋的話壓力為 200 N／cm²，也就是 2,000,000 N／m²。現在，你會不會覺得擠滿人的捷運裡，高跟鞋變得很恐怖呢？

圖 19　高跟鞋造成的壓力

高跟鞋的
面積極小！！

一隻腳分擔二分之一的體重

H
o 1cm²

200 N／cm²　→　踩了會超痛

9　水深與壓力

　　潛到較深的水中時，會覺得耳朵像被壓住一般，這是水的壓力（水壓）所造成的。

　　請設想一下在水中，底面積為一平方公尺的水柱。

　　水深一公尺時，水柱所有的水體積為一立方公尺，質量則為一千公斤，因此水壓為 $9.8 \text{ N / kg} \times 1{,}000 \text{ kg} \div 1\text{m}^2 = 9{,}800 \text{ N / m}^2 = 9{,}800 \text{ Pa}$。深度每增加一公尺，水壓就會增加九千八百帕。

　　同時在同一深度下，無論上下左右、四面八方都會受到相同大小的水壓。

　　將深海魚急速拉到海面上時，魚的眼睛會凸出來、魚鰾會跑出嘴巴。這是因為魚在深海中因承受強大的水壓，身體內側會去抵抗它，但當水壓急速變小時，就會變成這副模樣。

深海中水壓極大

鰻魚類

海參類

深海魚與海參類都要承受這樣的水壓

問題 深五十公尺的水壩牆壁，每平方公尺要承受多少水壓？

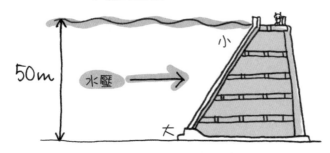

水壩的剖面

50m

水壓 →

小

大

越底下的水壩，牆壁要越厚。

答案 9,800 × 50 ＝ 490,000 Pa (4,900 hPa)

10 大氣壓力

地球被稱為大氣的厚重空氣層團團包住，我們則居住在這個空氣層的底部（地面）。

由於空氣也是有重量的，接近地表的空氣被其上方的空氣給壓縮，產生了壓力，這個壓力就是大氣壓力。大氣壓力從微觀來看，是運動中的空氣分子碰撞所產生的。

與水壓相同，大氣壓力也是從四面八方而來。所以躲在屋簷下的人、跟在屋外的人，只要在同一高度上，受到的大氣壓力是相同的。大氣壓力的大小，在接近地表（海平面高度）時約為十萬帕。正確來說，大氣壓力在海面上約為 1,013 hPa（101,300 Pa），稱為 1 大氣壓。

● 壓凹鋁罐的大氣壓力

一般說來，罐裝飲料的鋁罐不會隨便就凹陷下去，這是因為內部的空氣，與外部擁有相同的大氣壓力，內部與外部都有大量激烈運動的空氣分子在碰撞。但是若將罐子裡的空氣抽光，則內部沒有了壓力，這時鋁罐只受到外部的大氣壓力，因而凹陷。

汽油桶則是抽掉內部空氣換成水蒸氣，因此若將它冷凍時，內部壓力消失，汽油桶就會被大氣壓力壓凹下去。

內部接近真空的容器會被壓扁，是因為外部有大量激烈運動的空氣分子不斷地碰撞，但內部幾乎沒有分子可以碰撞回去的關係。

圖 20　湯蓋打不開的原因

蓋子打不開……

碗裡形成大量的
水蒸氣

抖

抖

抖

當空氣變冷時，
水蒸氣還原成水，裡面的壓力變小，
大氣壓力就會壓住蓋子讓它難以打開。

汽油桶也會
凹下去。

　　你拿加蓋的湯碗時有沒有碰過類似的經驗（圖 20）？碗蓋是不是很難打開？

　　用碗蓋蓋著溫熱的湯碗，碗中水蒸氣含量很高的空氣被加熱過，在變冷的時候，碗內的氣壓就會降低，因此碗蓋會被大氣壓力壓住，而不容易打開。

　　「吸盤」就是運用了大氣壓力。將有彈性的塑膠吸盤按在牆上放開手時，吸盤會恢復到原來的大小，而吸盤內部成為空氣稀少的狀態，氣壓因而變小。吸盤被大氣壓力壓著，才會牢牢地黏在牆上。

吸管能吸果汁，也是因為大氣壓力

你知道我們平常喝果汁等飲料時，也會利用到大氣壓力嗎？我們會用吸管將果汁吸上來喝，其實是因為吸管與嘴巴中的空氣被趕出去，造成空氣稀薄、氣壓下降的關係。

一杯飲料的表面上承受著大氣壓力，其壓力將果汁推進吸管，送到口中。

大氣壓力可以將水提升到十公尺以上的高度。如果將吸管的長度變長，是不是就可以從十公尺高的地方去吸地面上的一杯飲料呢？

理論上來說，如果吸管與嘴巴裡呈真空狀態的話，的確可以吸到十公尺高，但就筆者親眼看過的實驗，五公尺左右已經是最大極限了。

圖 21　吸管與大氣壓力的關係

第 3 章

溫度與熱

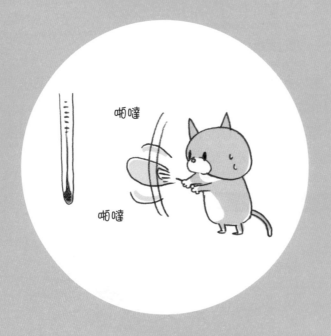

在日常生活中，溫度與熱常常會被混為一談。本章將帶領大家了解溫度與熱在理科領域中究竟有什麼不同，過程中偶爾需要想像一下微觀的世界。你知道低溫有極限，而高溫卻沒有極限嗎？

1 溫度

物體都是由原子或分子所構成。

探討熱的時候，從原子或分子的角度開始都是一樣的，因此我們先從分子開始。

● 分子運動越激烈，溫度越高

構成物體的分子，全都不斷地在運動中。在固體中則是抖動搖晃的運動狀態（圖1）。

溫度在微觀世界中的意義，就是分子運動的激烈程度。運動激烈時，溫度就高；運動緩和時，溫度就低。

圖1 溫度與分子的運動

涼的時候

抖

抖

運動較少

● 最低的溫度是−273℃

　　溫度下降，代表分子的運動越來越平緩，到最後分子運動會完全靜止。

　　這就表示，低溫是有極限存在的。分子運動靜止時的溫度是−273℃，不會再有比這更低的溫度了。

　　而溫度的上限又是幾度呢？只要分子運動越激烈，溫度就會越來越高。幾萬度、幾億度、幾兆度都是有可能的。但是在超高溫時，分子會分解開來，變成電漿狀態。

溫的時候

抖抖

抖抖

運動較激烈

各式各樣的溫度：從超低溫到超高溫

最低的溫度	−273.15°C
現在的宇宙空間溫度	−270°C
氦的沸點	−268.9°C
氫的凝固點	−259.1°C
液態氮的沸點	−198°C
液態氧的沸點	−183°C
甲烷的凝固點	−182.48°C
背對太陽的月球表面溫度	約−150°C
乙醇的凝固點	−114.5°C
最低氣溫紀錄（1983 年 7 月 21 日由南極的前蘇聯沃斯托克基地所紀錄）	−89.2°C
乾冰（二氧化碳的昇華）	−78.5°C
汽油的閃火點	−43°C
水銀的凝固點	−38.842°C
稀釋液的閃火點	−9°C
水的凝固點	0°C
甲醇的閃火點	11°C
乙醇的閃火點	13°C
地球平均氣溫	15°C
人體體溫	36～37°C
人體體溫的極限	42°C
鳥的體溫	40～42°C
最高氣溫	58.8°C
煤油的閃火點	40～60°C
乙醇的沸點	78.3°C
水的沸點	100°C

月球表面面對太陽時的溫度	約 200°C
核子發電廠的蒸氣溫度	約 280°C
麻油的閃火點	289～304°C
報紙受熱燃燒	291°C
芥花油的閃火點	313～320°C
水銀的沸點	356.58°C
火力發電廠的蒸氣溫度	約 600°C
溶岩的溫度	700～1,200°C
蠟燭的火焰	1,400°C
燃氣輪機	約 1,500°C
乙醇的火焰	1,700°C
氫的火焰	1900°C
電燈泡的溫度	2,400～2,500°C
柴油引擎或汽油引擎的燃燒溫度	約 2,500°C
氫＋氧的火焰（氫氧焰）	2,800°C
首次合成鑽石（1953 年美國奇異公司）的溫度	3,000°C
乙炔＋氧的火焰	3,800°C
碳化鉭的熔化溫度（所有物質中的最高熔點）	3,983°C
廣島原子彈爆炸（一秒後）的地表溫度	5,000°C
鎢（電燈的燈絲用金屬）的沸點	5,555°C
太陽表面	約 6,000°C
天狼星表面	10,000°C
原子彈	幾千萬°C
太陽中心	1,400 萬°C
核融合爐的電漿溫度	1 億°C

2 溫度的體積變化

固體、液體、氣體，三者都是加溫就會膨脹、冷卻就會收縮。

物體都是由原子、分子等非常小的粒子構成的。即使是相同的物質，在固體、液體、氣體狀態下，原子、分子的聚集方式也不一樣（圖2）。

在固體狀態下，原子、分子是密密麻麻地整齊排列著，粒子不能任意亂跑，只能在原地震動。

液體的結構比起固體較不固定，粒子之間的空隙稍微大一點，可以跑來跑去。

氣體中的粒子則會四散開來、任意飛來飛去。

粒子的動作是以固體→液體→氣體的順序，越來越活躍。即使同樣是在固體狀態下，粒子的運動也是溫度越高就越激烈，液體、氣體亦然。

溫度越高，粒子運動越激烈，在固體狀態中，就是粒子震動更為劇烈，震動範圍（這個粒子的「勢力範圍」）也會變廣。各個粒子的震動範圍都變廣時，整個物體就會膨脹起來。液體、氣體的情況也一樣。

雖然溫度升高會使物體膨脹，甚至從固體變成液體、液體變成氣體，但並不會產生新的粒子，也就是說粒子的總數是不會改變的。物體的質量是粒的質量、一個一個總合起來，所以即使體積改變，質量也不會改變。

圖 2　固體、氣體、液體的分子聚集方式

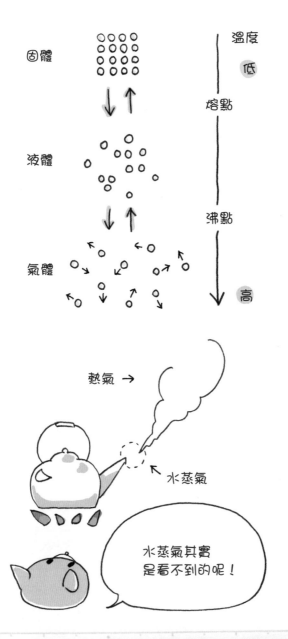

水銀溫度計與酒精溫度計

　　相對於裝入銀色液體（也就是水銀）的水銀溫度計，裝有紅色液體的棒狀溫度計，一般稱之為「酒精溫度計」。

　　雖然稱為酒精溫度計，但其實裡面裝著的並不是酒精，而是染成紅色或藍色的石油系液體（柴油）。因為最早期使用的是酒精，所以才稱為酒精溫度計並沿用至今。

　　溫度計就是運用了水銀或柴油在溫度上升時會膨脹的原理。

　　這些溫度計在測量體溫時，不會馬上就顯示出體溫多少。因為我們的身體會不斷散發熱量，必須等到從身體到溫度計的熱量移動結束時，溫度計本身的溫度才會與體溫相等，此過程需要一段時間。此外，用一般溫度計來量體溫的話，把溫度計從身體拿開、想要看體溫時，溫度計就會受到週遭空氣的影響。因此體溫溫度計必須做到就算離開身體，溫度也不會馬上下降。

圖3　水銀溫度計

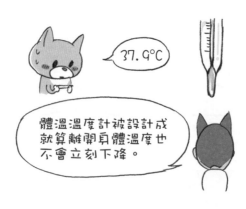

37.9°C

體溫溫度計被設計成就算離開身體溫度也不會立刻下降。

3　熱

問題 1 　將保麗龍與鐵器長時間放置在 20°C 的房間裡,哪一個的溫度比較高?(兩者條件相同,不受日光直射。)

A. 保麗龍
B. 鐵器
C. 相同

哪一個溫度比較高?

螃蟹

5kg　5kg

鐵啞鈴看起來好像比較冷。

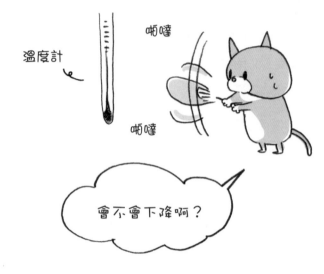

問題2 用扇子對溫度計搧風，溫度計顯示的溫度會出現什麼樣的變化？

溫度計

啪嗒

啪嗒

會不會下降啊？

● 熱是什麼？

　　高溫的物體接觸到低溫的物體，高溫物體的溫度就會下降，反過來，低溫物體的溫度就會上升，直到兩者溫度相同時，變化才會停止（圖4）。

　　這時一定會有「某樣東西」從高溫的物體移動到低溫物體。而這個「某樣東西」就是「熱」。

　　當溫度相同時，熱就不會再移動。

　　熱的移動，必定是從高溫物體單向移動到低溫物體。

● 物品長時間擱置後，會與室溫同溫

　　因此，長時間放置在同一房間（條件相同、不受日光直射）的保麗龍與鐵製品，兩者接觸的是相同溫度的空氣，到最後溫度就會變成「空氣＝保麗龍＝鐵」。

● 變涼了不代表溫度就會下降

　　同樣的，對著溫度計搧風，也只是讓溫度計顯示這個風（空氣）的溫度而已。一般吹風會變涼，是因為身體的水分被蒸發的關係。

　　問題 1 的答案是 C，問題 2 的答案是不會變。

圖 4 高、低溫物體互相接觸時的溫度變化

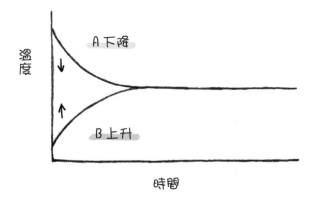

高溫物體 A 的溫度漸漸下降，
低溫物體 B 的溫度漸漸上升，
直到兩者溫度相等。

- 鐵摸起來會冷的理由

　　為什麼摸鐵器的時候會覺得冰冷，而摸保麗龍時卻會覺得溫暖呢？

　　因為鐵與保麗龍傳導熱的難易度不一樣。

　　平常人體的體溫會比周圍的空氣還高。

　　這時身體（手）是高溫物體，而鐵製品與保麗龍是低溫物體。

　　用手觸摸鐵的時候，熱會從手向鐵器移動，由於鐵很容易傳導熱，熱便會從手觸摸的部分很快地傳導到整個鐵器，而且熱會不斷地從手移動到鐵器上。

　　因此，不是鐵比較冷，而是鐵一直將熱從手上奪走的關係。

　　相對的，保麗龍比較不容易傳導熱，因此手所觸摸的部分很快就會與手的溫度相等。

- 冰的溫度往往不是 0°C

　　就像冷凍庫裡−20°C 的冰塊，不是 0°C，而是−20°C 的道理一樣。

　　所謂冰是 0°C，指的是在開始結凍或開始融化時、大量融化時的溫度是 0°C。若是周圍空氣的溫度是−20°C 的話，冰塊也會變成−20°C。

鐵不是比較冷嗎？

鐵摸起來會感覺冷，
是因為它從手上吸取了
熱量的關係。

鐵很容易傳導熱，熱會不斷地移動過去。
保麗龍不易傳導熱，觸摸時所摸的地方
很快就會與手同溫了。

原來如此，難怪感覺那麼溫暖。
不愧是保溫保冷材料。

磨蹭磨蹭

螃蟹
螃蟹

魚

口水都流出來了啦……

從微觀世界的角度來看熱的移動

　　高溫物體接觸低溫物體時，熱會從高溫物體移動到低溫物體上。這是在巨觀世界下所發生的現象。

　　這個現象從微觀世界來看會是什麼樣子呢？

　　兩個溫度不同的物體接觸時，運動激烈的分子便會去碰撞比較平穩的分子。漸漸地運動緩和的分子會變得比較激烈，而運動激烈的分子則變得比較緩和。這些碰撞會先從接觸部分開始，逐漸向旁邊的分子擴散出去。久而久之，分子的運動程度就變得一樣了。

圖5　從分子層級來看熱的移動

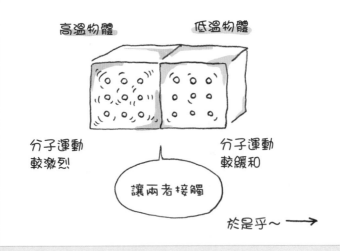

　　熱從高溫物體移動到低溫物體，從微觀來看，就是在進行分子運動的相互協調狀態。

　　氣體分子比起固體、液體來說，碰撞的機會比較少，只要將其封閉起來，隔熱性質就會非常好（不封閉的話，會透過對流來傳導熱）。含有大量空氣的衣服穿起來比較暖和，就是這個道理。居家的屋頂與牆壁也都有利用到空氣的隔熱性質。

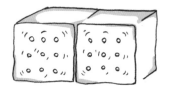

溫度變成一樣

分子的運動激烈程度相同

好冷　好冷

高溫物體

低溫物體

喔，真暖和～

4 熱量

　　熱要從高溫物體移動多少量到低溫物體，並不是只靠溫度就能決定的。熱的量稱之為熱量，其定義如下所述：

> 使 1 公克的水，溫度上 1°C 所需要的熱量，稱為 1 卡路里（cal，簡稱卡）。

　　另外，國際通用的熱量單位是用焦耳（J），但卡路里比較廣泛又容易理解，因此本書統一使用卡路里。1 卡路里為 4.2 焦耳，因此要從卡路里轉為焦耳，或從焦耳轉為卡路里都是可行的。A 卡路里等於 A×4.2 焦耳，B 焦耳等於 $\frac{1}{4.2}$B 卡，也就是 0.24B 卡。

　　要讓 2 公克的水上升 1°C，必須將水分成 2 個 1 公克，再分別使其上升 1°C，總共需要 2 卡。要讓 A 公克的水上升 1°C，便需要 A 卡的熱量。而讓 1 公克的水上升 2°C 時，上升 1°C 需要 1 卡，再上升 1°C 又需要 1 卡，所以共計需要 2 卡。換言之，要讓水上升 B°C，就需要 B 卡。

　　也就是說，要讓 A 公克的水上升 B°C，共需 A×B 卡路里。

　　由此可知，水所獲得或失去的熱量必須這樣計算：

> 熱量（cal）＝水的質量（g）×水溫變化（°C）

　　另外在熱量的計算中，溫度的變化要用「較高的溫度減去較低的溫度」來求得。

　　還有一種寫法：

> 熱量（cal）＝ 1×水的質量（g）×水溫變化（℃）

公式中的 1，是「使 1 公克的水溫度上升 1℃ 所需要的熱量，稱為 1 卡路里」裡頭，定義為「1 卡路里」的一個熱量比。要使 1 公克不是水的物質上升 1℃，需要的熱量就會不同。因此這個「物質為水的時候為 1」的熱量比 1 才會被刻意地點明寫出。

若還是很難理解的話，請想像一下，一杯溫咖啡與洗澡時浴缸裡的水。當兩者都是 40℃ 時，洗澡水的熱量必定比較大（圖 6）。

圖 6　熱量的不同

> **問題** 要讓 50 公克 20°C 的水上升到 60°C 所需要的熱量為多少卡路里？

> **答案** 水的質量為 50g
> 溫度變化為 60°C−20°C ＝ 40°C
> 所需熱量為 50g×40°C ＝ 2,000cal

> **問題** 給予 100 公克 25°C 的水，3,000 卡的熱量，則水溫會上升到多少°C？

此題請用以下的順序來思考：

將所要求的溫度設為 x°C，則 x°C 比 25°C 更大，溫度變化為（　　　）°C。將質量 100g 代入「熱量（cal）＝水的質量（g）×水溫變化（°C）」後得到：

$$3,000\text{cal} ＝ 100\text{g}×（\qquad）°C$$
$$x ＝ （\qquad）°C$$

> **答案** 溫度變化為 x−25°C，x ＝ 55°C

5　混合不同溫度的水的問題解法

這節要討論混合不同溫度的水時，混合後溫度會變成幾度的問題解法。

在此最常運用下列關係：

高溫物體所失去的熱量＝低溫物體所獲得的熱量

請思考一下這個問題：「200 克 20°C 的水與 300 克 60°C 的水混合起來會變成幾°C？」（圖 7）。

有自信的人，可以現在就解解看。

圖 7　把溫度不同的水混合在一起

● 重點在列出熱量的方程式

　　你解出來了嗎？這個熱量的問題雖然屬於比較難的題型，但只要一步一步來，一定可以得出答案。

　　以下是問題的解法。重點在於：

> 將所求溫度設為 x°C，再將低溫物體所獲得的熱量、高溫物體所失去的熱量以含有 x 的方程式表示之。

　　還有：

> 低溫物體所獲得的熱量＝高溫物體所失去的熱量

　　從這兩點來建立方程式，再將它解出來。請依照下列順序來作作看。

> ① 20°C 的水所獲得的熱量有多少卡？
> 　（請用含有 x 的方程式表示之）
> ② 60°C 的水所喪失的熱量有多少卡？
> 　（請用含有 x 的方程式表示之）
> ③ x 應為幾°C？

1 x 是……
這個嘛……
唉？呃～

答案

①：$200 \times (x-20)$cal

②：$300 \times (60-x)$ cal

③：44°C

①：20°C 的水質量為 200g，獲得熱後，從 20°C 變成 x°C。
溫度變化是「較高溫度−較低溫度」，所以是 $x-20$°C。
因此，20°C 的水獲得的熱量為：
$$200 \times (x-20)\text{cal}$$

②：60°C 的水質量為 300g。喪失熱後，從 60°C 變成 x°C。
溫度變化是「較高溫度−較低溫度」，所以是 $60-x$°C。
因此，60°C 的水獲得的熱量為：
$$300 \times (60-x) \text{ cal}$$

③：低溫物體所獲得的熱量＝高溫物體所失去的熱量，因此
$$200 \times (x-20) = 300 \times (60-x)$$
將兩邊都除以 100，
$$2 \times (x-20) = 3 \times (60-x)$$
$$2x-40 = 180-3x$$
$$2x+3x = 180+40$$
$$5x = 220$$
$$x = 44$$

再來做一題吧!

問題 100 公克 40°C 的水與 50 公克 10°C 的水混合後會變成幾°C 的水?

答案 30°C

$$100(40-x) = 50(x-10)$$

$$150x = 4500$$

老師你不要說喔。

x 是……

30°C !

答對了嗎?

答對了嗎?

緊張緊張

貓同學變這麼厲害了……

念念有詞～

落淚

6 不同物質的加溫難易度

在同樣條件下加熱相同質量的水與油，溫度上升的情況有何不同？

經過實驗後，我們發現油溫上升的速度比較快（圖 8）。

讓 1 公克水上升 1°C 需要的熱量為 1 卡，但要讓不同的 1 公克物質上升 1°C，所需要的熱量並不一樣。

讓 1 公克物質上升 1°C 所需要的熱量，稱為「比熱」。

比熱大的物質比較不易加溫或降溫，反之，比熱小的物質就比較容易。

圖 8　水與油的加溫難易度不同

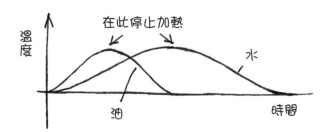

油容易加溫，也容易降溫。
水不易加溫，也不易降溫。

這就是比熱造成的。

● 水屬於比熱大的物質

　　水是屬於比熱非常大的物質。高比熱的水覆蓋了約 70%的地球表面，使得地球晝夜溫差縮小，對於氣象有絕大的影響（圖9）。

　　熱量的公式要改寫成：

　　熱量（cal）＝比熱×質量（g）×溫度變化（°C）

　　另外，比熱的單位為「卡／克－度」，記號寫作 cal/g・°C。

圖 9　地表上 70%都是水

水的庇祐

地球表面
70%是水

問題 質量 100 公克、100°C 的金屬放入 150 公克 18°C 的水中，水溫上升到 28°C。要讓此金屬 1 公克的溫度上升 1°C，需要的熱量為多少卡？答案請四捨五入至小數點第三位。

將質量 100 g、100 °C 的金屬

丟入 150 g、18 °C 的水中時⋯⋯？

噗通

● 重點與水的混合問題相同

與混合不同溫度的水的題型相同，我們將所求數值設為 x，去求低溫物體獲得的熱量與高溫物體失去的熱量。請運用以下關係來建立方程式，解出這個方程式以求得 x：

> 低溫物體所獲得的熱量＝高溫物體所失去的熱量

水的質量為 150g，溫度變化為 $28-18 = 10°C$。

水所獲得的熱量為 $150 \times 10 = 1,500cal$

放入金屬後水變成 28°C，因此金屬就變成（　A　）°C。

金屬質量為 100°C，溫度變化為 $100-28 = 72°C$。

金屬所失去的熱量為（　B　）cal。

水獲得的熱量＝金屬失去的熱量，因此

$1500 = （　B　）$

$x = （　C　）cal$

答案　A：28　　　B：7200x　　　C：0.21

110

第 4 章

電路

本章教的是很多人很害怕的電路。基本上，容易使電流流通的導體都是金屬類，但除了金屬導體，對電路來說，電流無法流通的非導體（絕緣體）也很重要。這是為什麼呢？現在就來學習一下電流、電壓、電阻三者的關係吧。

1 靜電

　　請回憶一下第 58 頁解說的實驗「逃跑的吸管」。會產生那樣的現象，是因為吸管與包裝紙袋帶電的關係。它們所帶的電分為正電（＋）與負電（－）兩種類型。而且，正電與負電會互相吸引，同樣是正電或負電的話則會互相排斥。

　　實際上，在這種情況下，吸管帶的是負電，紙袋帶的是正電。因此才會造成吸附與逃走的現象（圖 1）。

　　用塑膠墊板摩擦頭髮時，墊板會吸起頭髮，就是因為正電與負電相互吸引的關係。

圖 1　吸管與包裝紙袋互相吸引的理由

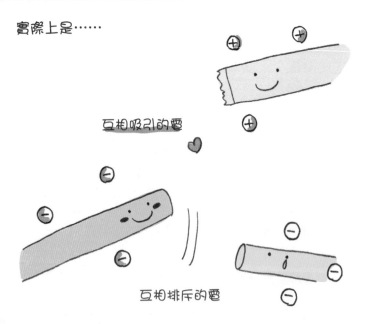

實際上是……

互相吸引的電

互相排斥的電

　　像這樣物體所帶的電，稱為「靜電」。由於靜電常常透過摩擦造成帶電，又可稱為摩擦電。另外，與之對應的是「動電」，如電池接燈泡時的電。

● 靜電的產生原因來自原子構造

　　靜電究竟是怎麼造成的呢？

　　此問題必須先從構成物體的原子來思考。任何物體都是由原子所構成，而每一個原子，又是由中心帶正電的原子核，與周圍帶負電的電子所構成（圖2）。原子的正負電平常是互相抵銷的。

圖 2 原子的構造

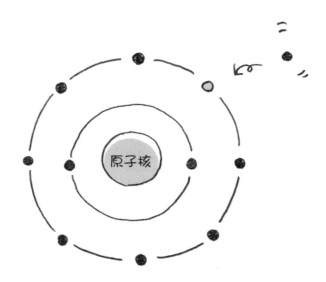

外側的電子容易被取走或添加

位於原子中心的原子核是無法輕易拿走或添加的，但外側的電子要取走或添加則非常容易。

　　當全部原子的帶電都為中性時，物體也會是中性的狀態。當兩種物體相互摩擦時，電子就會從容易被取走的物體，移動到比較難取走的物體上，所以獲得電子的物體負電變多，因而帶負電，電子被取走的物體則帶正電。

● 靜電具備的三種性質

　　靜電擁有下列性質：

> ・靜電分為正電與負電
> ・同樣種類的電會相互排斥
> ・不同種類的電會相互吸引

圖 3 吸管與包裝紙袋相互摩擦造成帶電

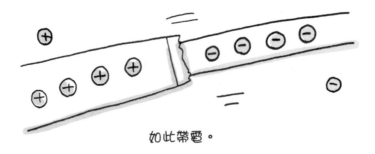

拉出吸管時，靜電會～

如此帶電。

當吸管與它的包裝紙摩擦時，會導致吸管帶負電、包裝紙帶正電（圖 3）。這種帶著電的現象就稱為「帶電」。一邊的物體帶正電的話，另一邊的物體必定會帶負電。如果用聚氯乙烯製的橡皮擦摩擦吸管的話，吸管就會改帶正電，而橡皮擦就帶負電。

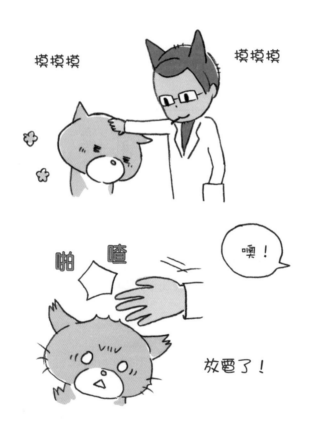

• 物質分為易帶正電或易帶負電

帶靜電時，電的種類與大小，會根據互相摩擦的物體性質而有所不同。有分為容易帶正電的物體，與容易帶負電的物體。

兩種物體相互摩擦時，會帶正電或帶負電，是根據這個物體的構成物質所決定。

若從下列物質中選出兩個互相摩擦，則偏左側的物質會帶負電、偏右側的物質會帶正電。這個順序可稱為「摩擦帶電序列」。

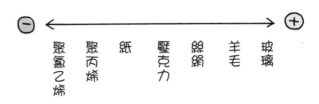

另外，靜電若接觸到濕氣或水的話就會跑掉（放電）。因此，在乾燥的冬天比較容易產生靜電現象。

雷是自然界的靜電現象

　　雷是在發展成形的積雨雲裡面產生出來的。積雨雲內部由於有強烈的上升氣流，會造成冰晶之間激烈衝撞。大的冰晶帶負電，小的冰晶帶正電。較小的冰晶比較輕，會往雲的上方移動，而大的冰晶則會往下移動，此時，雷雲剛好是正負電相對的型態。當雷雲接近大地時，會使底下的地面帶有正電。

　　當雷雲產生時，雲的內部會有靜電累積；雷擊則是雷雲與地表上某物體之間的放電現象。

圖 4　積雨雲與落雷

2 電路

　　電流是從電源的正極出發，經由電線使電燈泡發光或使馬達運轉，再流回到電線中，回到電源的負極。如此電流繞一圈的軌跡，可稱為「電流迴路（電路）」。

● 電子的流向與電流方向相反

　　電流流向，必定是從電源的正極流出，從負極流入。然而事實上，在金屬中，自由電子是從負極流出，從正極流入。但是，

圖5　電路符號

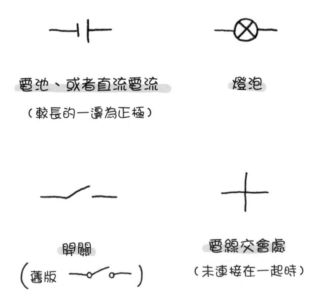

電池、或者直流電流
（較長的一邊為正極）

燈泡

開關
（舊版 ～o￣o～ ）

電線交會處
（未連接在一起時）

由於電流的正負極，是在尚未知道實際上電流就是電子的時代就決定的，因此至今我們還是將電流定義為從正極流向負極。

● 使用符號，方便繪製與了解電路圖

　　要繪製電路的圖形時，我們會用如圖 5 的符號（電路符號）來表示。

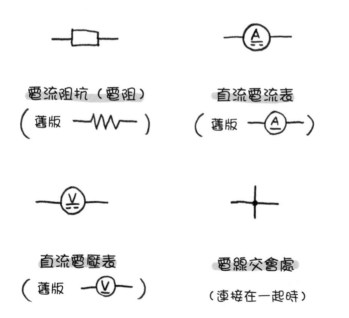

樓梯上下端的開關

　　一般人家裡的開關，都是一個照明設備配一個開關。那麼，家中樓梯旁的開關又是如何呢？

　　樓梯的頂端與底部各有一個開關。要上樓時，用底部的開關將照明設備打開，到了樓上再用頂端的開關將照明設備關掉。

　　這種開關稱為「三路開關（雙切開關）」。

圖6　三路開關

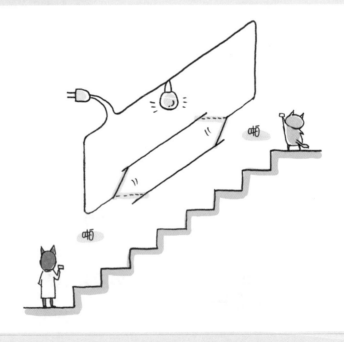

3　導體（金屬）中的自由電子是成群結隊的

　　電路基本上是由導體（金屬）與非導體（非金屬）所構成。電線是以非導體覆蓋住導體（圖 7）。當然，電流的流通是在導體的部分，非導體則負責使電路不致短路。

　　我們身邊的物質中不是金屬的導體，大概就屬石墨（如錳電池中的炭棒與鉛筆芯）了。其他如塑膠、玻璃等金屬以外的物質（非金屬），幾乎都是非導體（也就是絕緣體）。而在導體與非導體之間，還有所謂的半導體。

圖 7　電線是由導體與非導體所構成

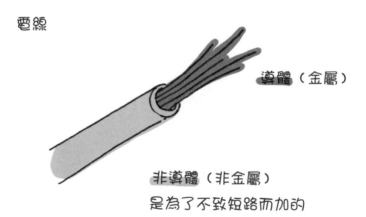

電線

導體（金屬）

非導體（非金屬）
是為了不致短路而加的

● 從微觀視點來看電子的行動

　　現在請觀察一下金屬（導體）的微觀構造（圖8）。

　　金屬中聚集了許多金屬原子，這些原子各自都會有一部分電子會離開它們、在金屬內自由移動。當只有一個原子時，電子就是屬於這個原子的（所有物）。但當聚集了多個金屬原子時，不屬於任何原子的自由電子就會一個接一個地不斷移動。這些電子就稱為「自由電子」。

　　當原子的部分電子成為自由電子離開時，原子就減少了這些部分的負電。因此殘存的原子正電仍然一樣多，而負電則變小，此時原子可說已變成正電。金屬就是由這些帶正電的原子及自由電子所構成。非金屬則沒有自由電子。

圖8　在原子等級下所看到的的金屬結構

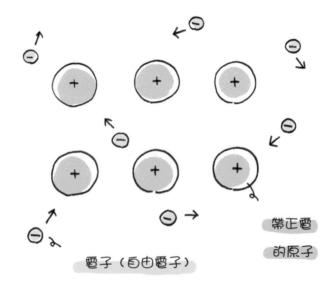

電子（自由電子）

帶正電
的原子

　　假設有一個電路，BE之間只有開關與電線，CD 之間有個燈泡。

　　CD之間的燈泡比起電線，其電阻大得不得了（電阻指的是電流的流動難易度）。

　　結果會造成當開關開啟時，電流全都會流經 ABEF 的路線。電流只流經容易流動的地方，甚至會流經只有電線的路線，像這樣的現象即稱為「短路」。

圖9　短路

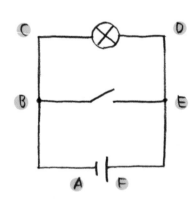

BE 之間只有開關與電線

　　短路指的不是電流流經的距離比較短，而是指整個電路幾乎沒有電阻的意思。

　　這時 CD 間的燈泡不會發亮，但過一陣子後電池會變熱。因為短路流經了大量的電流的關係，所以雖然燈泡沒有發亮，但電池的電卻不斷被消耗掉。

　　要是電線都不用絕緣體包裹的話會怎樣？結果就會很容易因為電線之間彼此接觸而造成短路。

　　如果接著 100 伏特交流電源的電路產生短路的話，電線會因為流經大量的電流而發熱，因而容易造成火災。

　　斷路器之類的安全裝置，就是要防止大量電流流通。

　　電路中的電線必須用非導體（絕緣體）將導體包著，就是為了防止電線彼此接觸造成短路。

　　除了短路會產生大量電流，同時使用許多電器用品時也會有相同的情況。每個電器用品是並列連接著電源，雖然各自的電流是分叉開來，但是其電流是全部加總起來的。因此，當家中流動的電流太大時，斷路器就會造成跳電。

　　居家用電時，要注意下列事項：

・絕對不可碰觸插座的電，會有觸電死亡的危險。
・包裹電線的非導體若是破掉了，這個電器就不能再使用。
・不要使用多孔插座（一個插座上同時連接多個插頭）。

4 電流與電壓

電流的大小，是用安培（A）或者毫安培（mA）來表示。

1 安培等於 1,000 毫安培。

電流流經的時候，作用的大小是以電壓來表示。

電壓的單位為伏特（V）。

圖 10　將電路比喻成水流時

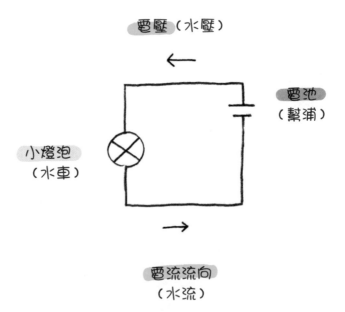

● 用水流來了解電流與電壓

　　此部份要釐清電流與電壓的不同之處。

　　電流，顧名思義是電的流動。只要帶有正電或負電的「東西」一個接一個移動的話，就會形成一股電流。

　　電壓則是施力使這些帶電的「東西」移動所造成的作用。若將電流比喻為水流，電壓就相當於水壓（圖 10）。

電流動時，燈泡就會亮。

就算沒有電線接著，也可以有電流流通。每逢冬季氣候乾燥時，你有沒有突然被電到的經驗？這種現象就是靜電偶然放電的關係。放電時會冒出火花，也是一種電流（電子的移動）。

在日常生活中，靜電大概介於數千到數萬伏特之間，不過有時甚至會超過。平日靜電的電壓很高，但電流非常的小。不過，像落雷的電壓約有幾千萬到幾億伏特，電流極大，可以造成火災，或者打死人。

如果我們把空氣盡量抽光、加上電壓時，會發生什麼事呢？

我們將兩端裝上金屬正負極的玻璃管（放電管）裡面的空氣用真空幫浦抽掉。這種空氣幾乎被抽光的放電管稱為「克魯克斯管」。對裝入金屬板的克魯克斯管施加電壓、使之放

圖 11 靜電就是一種放電現象

電，管中的螢光板會形成一個影像，表示有東西從負極飛向正極。而該東西被命名為「陰極射線」。

在水平的陰極射線上下方都施加電壓，射線就會往上下方電極的正極方向彎過去。由此證明，陰極射線帶著負電。如今，我們已經知道陰極射線實際上就是「帶負電的粒子」，也就是「電子」。管中的真空放電仍會夾帶少量的空氣，放電會依據這些空氣的量（壓力）而改變顏色。另外，隨著管中存在氣體的種類不同，顏色也會改變。街上的霓虹燈招牌便是根據此現象設計而成的。

圖 12 用電去彎曲克魯克斯館中的影子

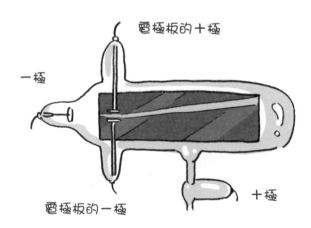

電極板的＋極

一極

電極板的一極

＋極

對電極板施加電壓，
則射線會往＋極的方向彎曲。

5 串聯與並聯

用同一個電源連接兩個燈泡的電路可以有兩種形式（圖13）。

● 串聯與並聯是電路的基礎

在①當中電流的流動路線，以電池正極→燈泡 A→燈泡 B→電池負極的順序一路到底。電流沒有分叉的電路即稱為「串聯電路」。

在②當中電流的流動路線有兩種順序：電池正極→燈泡 A→電池負極以及電池正極→燈泡 B→電池負極。像這樣電路中有 2 條以上的電流通路，即稱為「並聯電路」。

圖 13 串聯與並聯電路

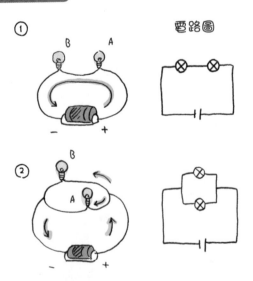

6　流經電路的電流大小

問題 有一電路如下圖，流經 A 點的電流為 0.2A（安培），
則 B 點、C 點為多少 A？

A. 0.2A

B. 比 0.2A 小

C. 比 0.2A 大

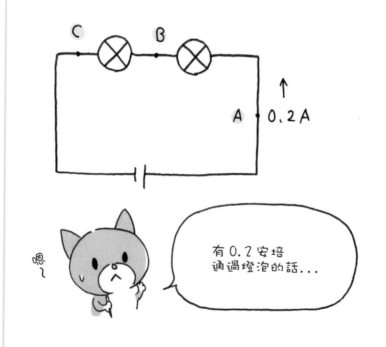

● 串聯電路各點的電流都相等

　　過去還不知道電流究竟是什麼的時候，人們以為電流通過燈泡等裝置時，電流會被消耗掉而減少。

　　因為「流經導體（金屬）的電流中、電子是一個接一個的」，只要途中沒有分歧，就沒有電子要到哪裡去的問題。因此串聯電路中的各點，流經的電流都是相等的。

　　用水流來比喻電流、燈泡就像水流途中的水車，而推動水車的水量無論是在水車前後都不會改變（圖 14）。

> 答案 A（B 點、C 點都是 0.2A）

圖 14　以水流來了解電流

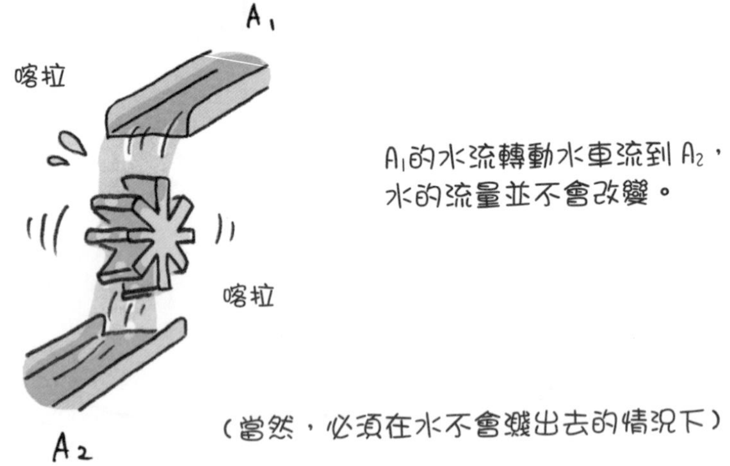

A_1 的水流轉動水車流到 A_2，水的流量並不會改變。

（當然，必須在水不會濺出去的情況下）

問題 如下圖，當流經 A 點的電流為 0.5A，流經 B 點的電流 0.2A 時，流經 C 點、D 點的電流為多少 A？

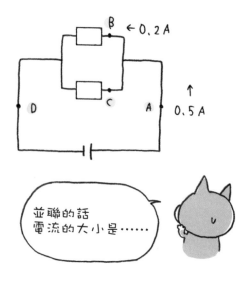

並聯的話
電流的大小是……

● 並聯電路中的電流會分叉

這裡要探討的是並聯電路。

在並聯電路中，電流的大小是「分叉前＝分叉時的總合＝匯聚後」。

答案 C 點：0.3A

D 點：0.5A

電流表與電壓表的使用方式

　　這兩者連接電路時，電流在儀表中會從正極端子流向負極端子，連接方式即可由此來判斷。

　　當我們無法預測電流與電壓大小時，一開始應該先連接最大值的端子，之後再改連接至適當的端子上。

　　測量電流時，將電流表組裝在電路中想要測量的某一個點上。也就是說，電流表要與電路串聯連接。

　　測量電壓時，要將電壓表連接在電路中欲測量區間兩邊的兩個點上。也就是說，電壓表要與電路並聯連接。

圖 15 電流表與電壓表的連接方式

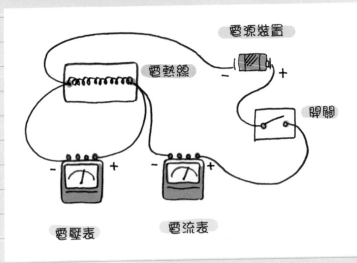

7　電路的電壓

接下來要談電路的電壓，在串聯電路時，電源的電壓等於 V_1 及 V_2 等各個電壓的總合，而並聯電路時，電源的電壓與 V_1、V_2 等各點的電壓通通相等（圖 16）。

圖 16　並聯、串聯電路的電壓

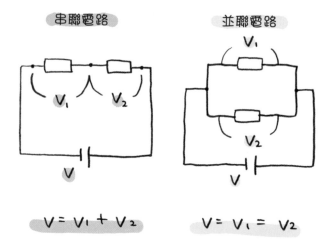

居家室內配線是哪一種？

　　如果是串聯電路的話，只要關掉某個地方的開關，全部電器都會被關掉。所以家中室內配線皆採並聯電路，所有電器用品都是受 100 伏特的電壓。並聯電路就算有某一個地方斷電，其他部分的電流也不會受到影響。

8　電壓大，電流大；電壓小，電流小

請看圖 17 的電路，當電壓分別為 1 伏特、2 伏特、3 伏特時，測量流經電熱線的電流大小結果會是如何呢？

圖 17　將電熱線的電壓提高時

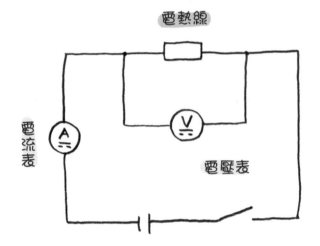

● 電流與電壓呈正比

測量結果如表 1。

在表 1 中，形成一條通過原點（0,0）的直線。

當橫軸的電壓變成 2 倍、3 倍時，縱軸的電流也會跟著變成 2 倍、3 倍。

由此可以得出：「流經電熱線的電流 I，與其兩端的電壓 V 成正比。」即所謂的「歐姆定律」。

表 1　電壓與電流的關係

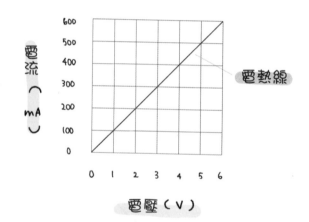

流經電熱線的電流 I 與其兩端的電壓 V 成正比。

這就是歐姆定律。

9　電流流動的困難度：「電阻」

　　使用材質、長度相同而粗細不同的電熱線，並觀察其電壓與電流的關係，結果如表2所示。

　　當接受相同電壓時，電熱線的粗細會影響電流的流動，比起較粗的電熱線，電流在較細的電熱線中比較不容易流動。

　　而這種「電流流動的困難度」稱之為「電阻抗」或者「電阻」。「電阻」的單位是歐姆（Ω）。

● 透過解題來理解歐姆定律

　　現在請用歐姆定律來挑戰問題。當電路中只有一個電阻時，我們可以直接使用歐姆定律來解題。

　　當電阻有兩個的時候，就必須判斷電路是串聯或並聯。以下推導出這兩種電路的性質：

表2　不同粗細的電熱線其電壓與電流的關係

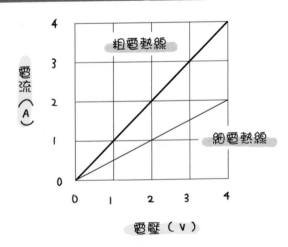

- 若為串聯電路，則電路中各點電流相等，電壓就是各電阻所造成之電壓的總合。
- 若為並聯電路，則電流會分叉開來，電壓在各電阻都相等。

當我們知道這些性質時，就可以來使用歐姆定律。根據所要求的目標，可以如圖 18 所示來作變換。

圖 18　歐姆定律

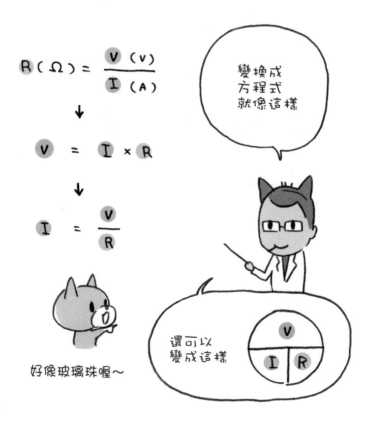

$$R(\Omega) = \frac{V(v)}{I(A)}$$

$$V = I \times R$$

$$I = \frac{V}{R}$$

變換成
方程式
就像這樣

還可以
變成這樣

好像玻璃珠喔～

如下圖的電路所示，電壓表顯示5V，電流表顯示2A，R_1為 3Ω。

① R_1兩端的電壓為多少 V？

② R_2的電阻為多少Ω？

①

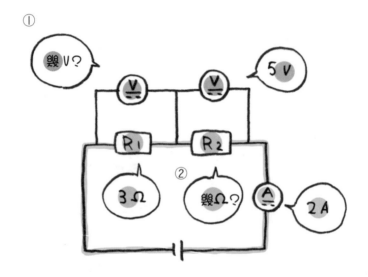

代進去的話……

$$\frac{x}{2 \mid 3}$$

問題2 如下圖的電路所示，電壓表顯示5V，電流表顯示3A，R_1為 2Ω。

① R_1兩端的電壓為多少 V？

② R_1兩端的電流為多少 A？

③ R_2的電阻為多少Ω？

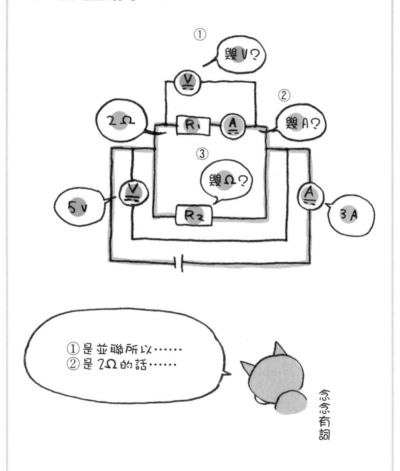

答案

問題 1　①：6V　②：2.5Ω

　　　　①：R_1電流為 2A→已知 I 與 R，則由 $V = I \times R$ 可求出 V。

　　　　②：R_2電流亦為 2A→已知 I 與 R，則由 $V = I \times R$ 可求出 V。

問題 2　①：5V　②：2.5A　③：10Ω

　　　　①：R_1 及 R_2 均與電源電壓相等，為 5V。

　　　　②：跟據 R_1 電阻 2Ω、電壓 5V，來求出 I。

　　　　③：R_2 所流經的電流為 3A－2.5A＝0.5A，受到 5V 的電壓。以此 V 與 I 來求出 R。

142

第 5 章

電流的運作

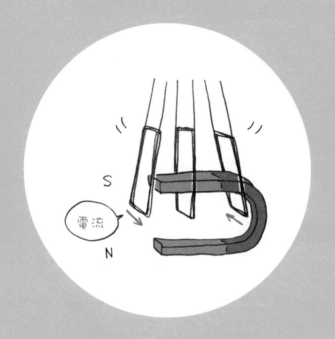

當物體通電時會開始發熱，家中的電線也會有點
發熱。發熱量與電流、電壓、電阻等究竟有怎樣
的關聯呢？除此之外，此章還可學到電與磁的密
切關係。

1 用電流來發熱

　　將銅線、鐵線、鋁箔紙等金屬線接在電池上，並纏繞在溫度計的底部，則溫度計的度數會不斷上升（圖1）。不只是電熱線，金屬線只要流通電流就會開始發熱。發熱的量會與電流、電壓雙方都成正比並變大。因此決定電流發熱量的量值可以用「電流×電壓」來表示，而「電流×電壓」即所謂的「電力」。電力的單位是瓦特（W，簡稱瓦），1瓦特等於1安培乘以1伏特。另外，1個仟瓦（kW）等於1,000瓦。

　　當電壓為 V（V）、電流為 I（A）時，電力如下：

$$電力\ P\ (\text{W}) = V\ (\text{V}) \times I\ (\text{A})$$

圖1　電線的發熱

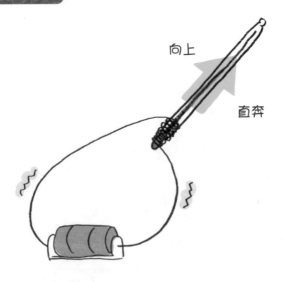

向上

直奔

實際上，發熱量不但與電力成正比，也與電流的流經時間成正比。也就是說，電流造成的發熱量是與「電力×時間」成正比。當發熱量為 Q（J：焦耳，請參照第 100 頁）、電力為 P（W）、時間為 t（秒）時，

$$Q（\mathrm{J}）=P（\mathrm{W}）\times t（秒）$$

發熱量若以 Q（cal）為單位時，1cal 等於 4.2J，1J 等於 $\frac{1}{4.2}$ = 0.24cal，Q（cal）= $0.24P$（W）$\times t$（秒）。

為什麼金屬在電流流過時會發熱呢？請回憶一下金屬的微觀構造。

自由電子在累積了正電的原子四周來回遊走，當我們施加電壓時，金屬線中的自由電子就會成群結隊，一起從負極往正極不

圖 2　發熱的原因

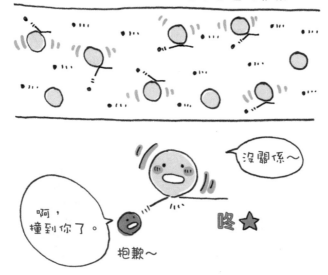

斷移動。這時在自己的範圍內震動著的原子，就會遭到自由電子不斷地碰撞。被碰撞的原子，其震動的激烈程度又會增強，因而溫度就上升了（圖2）。

電器用品上，都會有「100V-500W」之類的標示，這是表示「對這個電器施加 100 伏特的電壓必須消耗 500 瓦的電力」。那麼，我們在使用這個電器時，流經電器的電流究竟有多大呢？還有，這個電器的電阻為幾 Ω 呢？

我們已知當電壓 100 伏特時，電力消耗為 500 瓦，還有電力方程式「P（W）$=V$（V）$\times I$（A）」及歐姆定律。

從電力方程式可求得 $500 = 100 \times I$，$I= 5A$。如此一來，電壓、電流都求出來了，再來就可以用歐姆定律來求電阻。$R= 100 \div 5 = 20\Omega$。

問題1　標示為「100V-1000W」的電器，其電阻為幾 Ω？請問這個電器在 1 秒內會產生多少卡路里？

問題2　500 公克水溫 25℃ 的水裝入標示「100V-500W」的加熱器，請問加熱至 100℃，需要用掉多少時間？

還有五分鐘～

● 按照順序來作計算

　　問題 1 與先前解釋的「100V-500W」解題方法相同。答案為：電阻 10Ω，熱量為 $0.24 \times 1000 \times 1 = 240\text{cal}$。

　　問題 2 比較難一點。

　　首先要求出讓水升到 100°C 所需要的熱量。

　　需要（　　A　　）cal，也就是（　　A　　）×4.2J。

　　加熱器必須產生這麼多的熱量才行。由於「Q（J）$= P$（W）$\times t$（秒）」，所求的時間為 t（秒），因此可列出一方程式：

　　（　　　　　　　　　　　B　　　　　　　　　　　）

　　將這個方程式解出來，則可得出：

　　$t =$（　　C　　）秒。

　　以上空格的答案如下：

　　　答案　　A：37,500cal

　　　　　　　質量為 500g，溫度變化為 $100 - 25 = 75°C$

　　　　　　　熱量 $= 500 \times 75 = 37,500\text{cal}$

　　　　　　　也就是 $37,500 \times 4.2\text{J}$。

　　　　　　B：$37,500 \times 4.2\text{J} = 500\text{W} \times t$ 秒

　　　　　　C：315 秒

2 電費的由來：「電能」

　　我們在家中用電時所付的電費並不是在支付「電力」。電力是「電壓×電流」，因此無論使用多少時間，大小都相同。「100V-500W」的電器用品，無論用了多久電力都是 500 瓦。

　　電力若不乘上時間，就無法知道用電的能源消耗。

　　我們將「電力×時間」稱為「電能」。電能就是電器在某段時間內消耗的電力。

　　電能單位是瓦特乘以秒，也就是「瓦特秒」，但在使用上，此單位顯得太小，因此一般都使用「瓦特（小）時」，也就是將

圖3　電能

電量（W時）＝電力（W）×時間（小時）

使用時間越短的話，就越省電唷！

插頭要拔下來

不要開著不關

喀嚓

瓦特乘以小時。實際上，千瓦時（kWh，也就是「度」）的使用率更為廣泛。1 度＝ 1 千瓦時＝ 1,000 瓦特時。

電量（W 時）＝電力（W）×時間（小時）

一般家庭的電能消耗，每天平均用電數度（千瓦時），每月則會用電 100 度左右。

問題　若我們每天都使用 1,000 瓦的吹風機 3 分鐘，則 1 年（365 天）所需要的電費是多少錢？ 1 度（千瓦時）以 20 日圓計算。

答案　365 日圓

3　磁鐵周圍的磁場

冰箱的門能夠緊閉是因為用了磁鐵，而馬達與喇叭也都運用磁鐵來運作（圖4）。其他像錄音帶、電話卡、自動剪票口專用票，也都使用了具有磁鐵性質的物質（磁性材料）。

普通的磁鐵時時都帶著磁性，稱為「永久磁鐵」。

日本是發展永久磁鐵最為先進的國家。強力磁鐵的發展自明治時代以來就位居世界領先地位。當今全世界市面上最強的強力磁鐵——釹磁鐵，於西元1984年由時任住友特殊金屬公司的佐川先生所發明，釹磁鐵的主要成分包含釹元素、鐵、硼等。

有了強力的小型永久磁鐵，才能使馬達及喇叭更輕薄短小。

圖4　我們身邊會用到的磁鐵

攜帶方便的電器用品背後，同樣伴隨著磁鐵的開發。

● 磁場指的是有磁力作用的空間

　　當磁鐵的周圍或附近放著鐵製物體，就算隔著一段距離也會被磁鐵吸引過來，這是因為磁鐵的周圍形成了磁力的作用區域（空間）。磁力的作用空間就是所謂的「磁場」。

　　在磁場中放置指南針的話，在同一位置的指南針會一直指向一定的方向。這時指南針Ｎ極所指的方向，就是這個位置的磁場方向。

　　將磁場用線段來表示，就可以一眼看出指南針放下去時，Ｎ極會指向哪裡。表示磁場中各點磁場方向的線段，稱為「磁力線」。

　　如果在磁鐵周圍灑上鐵粉，鐵粉的排列就會跟畫出的磁力線一樣。

圖 5　就算用紙隔開也阻擋不了磁力

就算用紙擋在中間，也擋不住磁力喔！

叮～

喔喔喔喔

紙

磁鐵

磁鐵的磁場不只是在真空或空氣中有作用，甚至還可以穿透木頭、玻璃、銅或鋁等金屬，對遠距離的東西產生影響（圖5）。

● 將鐵變成磁鐵，稱為磁化

　　將一塊鐵放在磁鐵的磁場中，這塊鐵就會變成磁鐵。此現象可稱為「這塊鐵被磁化而具有磁性。」

　　將磁鐵的N極接近釘子的頭的話，釘子會被磁化而使釘頭變為S極，並與磁鐵的N極端相互吸引（圖6）。

　　電話卡或捷運悠遊卡之類的磁卡，都是塗上鐵粉，再將鐵粉按照需要變為磁鐵，而磁鐵可用以記憶某些需要的資訊。

圖6　磁化

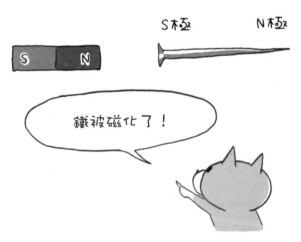

將鐵放在磁場中，
鐵就會變成磁鐵。

S極　　　　N極

鐵被磁化了！

地球也是磁鐵

　　地球也是一塊巨大的磁鐵，周圍有磁場，指南針就是指向其磁場的方向。地球磁場在靠近北極的地方（位於北美大陸的北端）為 S 極，靠近南極（位於昭和基地）為 N 極。因此指南針的 N 極才會指著北端。

　　很不可思議的是，地球磁鐵的磁場是會反轉的。約兩千萬年以來，估計約每二十萬年反轉一次。磁場反轉就代表指南針會指向相反的方向。

　　這種現象是在觀察磁鐵礦時發現的。磁鐵礦（鐵沙也屬於磁鐵礦）是極小磁鐵的集合體，將之放在磁場中，就會朝著磁場的方向匯聚而固定下來。火山所噴出的岩漿也含有磁鐵礦，高溫時，這些小磁鐵會散布各地，整體來說，磁性會相互抵銷；但當冷卻時，全部都會受到當時地球磁場的作用而產生磁化，變成磁鐵。因此我們只要調查岩漿冷卻之後岩石的磁場，就能知道當時地球的磁場方向（不過地球為什麼會是一塊磁鐵，這是個非常困難的問題）。

圖 7　地磁

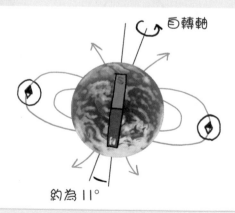

自轉軸

約為 11°

4　電流製造的磁場

　　電磁鐵，是將鐵棒捲上線圈所製成的。跟一般的磁鐵一樣，電磁鐵也可以造成磁場。將電磁鐵的鐵棒抽掉，雖然磁力會變弱，但線圈周圍還是有磁場存在。總之，只要有電流流通，就會造成磁場。

　　直線的電流，會在其周圍造成一個環狀的磁場。這時的磁場方向如圖 8，從電流流出去的方向看過去時，與時鐘的時針運轉方向相同。另外，將電流比喻成右旋螺絲釘的釘子方向的話，磁場就會是螺絲釘的旋入方向。

　　線圈與直線電流的磁場重疊時，會形成如圖 9 般的磁場。電磁鐵就是只有在電流流通時才有磁場的磁鐵。若是電流夠強，電

圖 8　電流與磁場

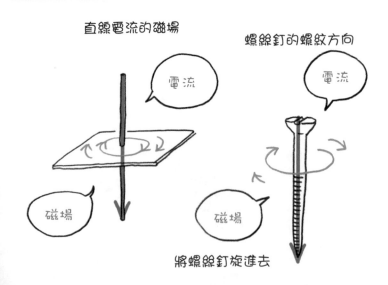

磁鐵的磁性可以比永久磁鐵更強。電磁鐵與永久磁鐵的共通點有：

- ・由鐵所構成
- ・具備 N 極與 S 極
- ・不同磁極會互相吸引，相同磁極會互相排斥

電磁鐵還有永久磁鐵所沒有的特徵：

- ・只有在電流流通時才會變成磁鐵（因此可以從不同物品中吸出鐵製品，只要將電源切掉就可以輕易取下）
- ・隨著電流方向可改變 N 極、S 極
- ・將電流增強或增加線圈圈數，都可以使電磁鐵的磁性變強

圖 9　線圈與磁場

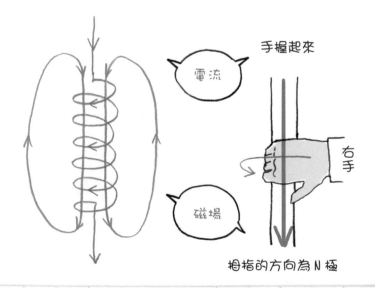

流過線圈的電流所造成的磁場

電流

磁場

手握起來

右手

拇指的方向為 N 極

5 磁場中的電流會受力

　　有一種叫「電鞦韆」的小裝置，在磁場中若有一個如圖 10 般的電線有電流流通時，電線會一下左、一下右，隨著電流方向不同而擺盪。

　　這就表示電流在磁場中會受力。馬達的原理就是據此而來。若將直流馬達模型拆解開來，會發現裡面有纏繞著線圈的磁鐵，當電流流經這個線圈，就會受到磁鐵的磁場影響而開始回轉。

　　電流、磁場與力彼此之間有一種關係：「佛萊明左手定則」（圖 11）。對克魯克斯管施加高電壓、產生陰極射線後，磁鐵靠近時，陰極射線就會彎曲。陰極射線是一條電子流，電流流通的電線在磁場裡會受力，是因為裡面的電子流受力的關係。

圖 10　電鞦韆

圖 11 佛萊明左手定則

　　喇叭利用了「磁場中的電流會受力」的原理。

　　喇叭就是將擴大機等機器傳送而來的電流、轉換到空氣中成為聲音的機器。喇叭的構成元件有磁鐵、線圈及振動板。線圈將磁鐵團團圍住，而線圈本身又一圈圈環繞在振動板上。這時與線圈連結在一起的振動板會與線圈一起動作。流經線圈的電流若大，振動板會振動得比較大，電流小的時候，則振動也會較小。

　　電流方向若相反的話，振動板當然也會朝相反的方向振動。視聽設備可以改變喇叭傳送之電流的強弱及方向，線圈會依據這些電子訊號去振動，然後由於振動板的動作導致空氣振動，讓我們能聽到聲音與音樂。

圖 12　喇叭的構造

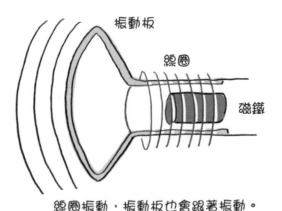

線圈振動，振動板也會跟著振動。

6　變化線圈四周的磁場會造成電流

　　將磁鐵對著封閉的線圈靠近或拉遠時，線圈裡會有電流流通。改變線圈當中的磁場，會使線圈產生電流，這個現象稱為「電磁感應」（圖 13）。此外，這時所流通的電流則稱為「感應電流」。

　　感應電流是由於磁場的變化而產生的。當磁鐵靜止，或在其他磁場未變化的情況下並不會產生這種電流。另外，變化速度越快，產生的電流也會越大。

圖 13　電磁感應

● 發電機的原理是電磁感應

「電磁現象」於西元 1831 年由法拉第發現，如今已成為供給全日本電力的基礎所在。

只要具備磁鐵與線圈，就可以產生電流。事實上，將腳踏車車燈上的發電機拆解開來，裡面也裝有磁鐵與線圈。

就連直流馬達也裝了磁鐵與線圈。那我們能用馬達來產生電流嗎？

當我們旋轉馬達的中軸時，線圈就會在磁鐵的磁場中旋轉。以線圈為基準來看的話，線圈周圍的磁場也同樣會產生變化。而直流馬達就變成了發電機。

傳送到家家戶戶的電，其源頭來自於發電廠（圖 15）。發電廠是在巨大的磁鐵（實際上是電磁鐵，其使用的電流來自所發的電的一部分）中裝置巨大的線圈，透過水力或高溫高壓的水蒸氣之力旋轉這個線圈來發電。

圖 14　腳踏車車燈上的發電機

腳踏車車燈上的發電機，也是由磁鐵與線圈所構成。

老師的腿好像變長了……

嘎吱

嘎吱

圖 15 發電廠所運用的電磁感應

水力發電

發電用水車
透過旋轉
進行發電。

核能發電

用核分裂產生的熱
使核反應爐的水沸騰，
其蒸氣帶動渦輪產生電力。

火力發電

燃燒瓦斯等燃料
使水沸騰，
其蒸氣帶動渦輪
產生電力。

風力發電

用自然的風力
旋轉發電機
進行發電。

電與化學的偉大實驗科學家「法拉第」

　　發現電磁感應的法拉第（Michael Faraday），是貧窮鐵匠之子。法拉第12歲小學畢業時，到一間書店兼裝訂廠當裝訂工人。法拉第在那裡一面磨練裝訂技巧，一面不斷閱讀送來裝訂的書。其中特別引起他興趣的是自然科學類的書籍。

　　法拉第參考著書本，把僅有的一點零用錢拿去購買實驗材料，開始進行各式各樣的實驗。

　　當法拉第聽過了當時在倫敦十分有名的英國皇家學會化學家戴維（Humphry Davy）連續 4 場的講座之後，他對科學的興趣更加濃厚了。他把演講紀錄整理出來，仔細地製成書本，附上一封信後寄給戴維。

　　從此，法拉第就成了戴維的實驗助手，當時他 22 歲。

　　法拉第的研究紀錄都會以「日記」的形式保留下來，讓後人可以從中探究他長達 40 年的研究歷程。

　　當時奧斯特（H. C. Oersted）已經發現電流會對磁鐵發生作用。法拉第受到這項發現的刺激，開始嘗試與奧斯特相反的研究方向，也就是針對磁鐵會不會造成某些電的效果，進行各種實驗。

　　法拉第將一個鐵環的兩個不同區域用電線一圈圈地纏繞著，其中一個線圈與伏打電池連接通電。他發現當線圈開始通電與停止電流的瞬間，另一個線圈中也有電流流過。

　　接下來，他改用電磁鐵，將棒狀磁鐵在線圈中推進拉出，也得到了相同的結果。

法拉第就這樣發現了成為今日電力文明基礎的電磁感應，也就是發電機的原理。

　　法拉第34歲時出任英國皇家學會的研究主任，繼承恩師戴維之志，每個星期會為一般民眾舉辦一次科學講座。每年聖誕節時，他還會特別策劃為小朋友量身打造的演講，即使到了晚年，為小朋友舉行的聖誕節講座也沒有停辦。其中最有名的一場演講，是他於西元 1860 年，年高 69 歲時所舉辦的連續講座，這些講座集結成《蠟燭的化學史》（*Chemical History of a Candle*）一書，至今仍然備受世人所喜愛。

第 6 章

力與運動

生活中有一種隨時隨地都被遵守、卻總是被摩擦力隱而不見的性質：「慣性」。在現今這個太空的時代，就讓我們來探討一下月球與地球能夠不斷轉動的原因，並學習運動與力的關係。

1　將力相加起來：「力的合成」

　　物體在某一點上受到兩股以上的力量時，有時必須將這兩股以上的力整合為一股作用相等的力。

　　將兩股以上的力合為一股力，稱為「力的合成」，而合起來的力稱為「合力」。

　　力的合成，簡單來說就是「力的加法」。但在力的加法中，一加一有可能不等於二。

問題 設想這樣兩個人提著同一個物體的情況，手臂所施的力有什麼不一樣？

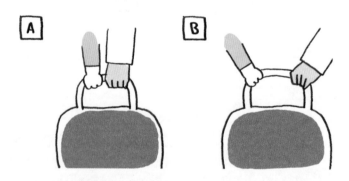

A. 相同

B. 提法 A 比較費力

C. 提法 B 比較費力

　　要探討這個問題，必須先知道當兩個力呈某個角度時的疊加（二力合成）方式。首先將兩股力當作兩個邊畫出一個平行四邊形，再從作用點連出一條對角線，這條對角線所代表的力就是兩股力的合力。此方法稱為「力的平行四邊形定律」（圖 1）。當角度為零度，也就是兩股力都在同一直線上時，可以直接用一般的加法來計算。而當角度為一百八十度，也就是兩股力的方向相反時，合力的大小為「較大的力－較小的力」，而方向則朝著較大的力。

　　回到前面的問題來看。實際上，兩個人手臂所夾的角度不同，必須施的力也完全不一樣。夾角越大，手臂所要施的力也越大。答案應該為 C 才對。物體是同一個，提起物體所需的力自然一樣，因此兩股力加起來的力，必須與提起物體所需的力相等。但夾角較大，比起夾角為零時，兩隻手臂各自都必須更加用力，才可以將物體提起。

圖 1　力的平行四邊形定律

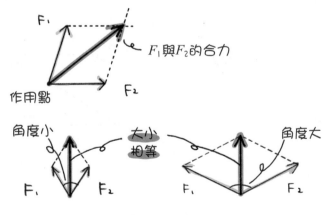

F_1 與 F_2 的合力

作用點

角度小　　　大小相等　　　角度大

F_1　F_2　　　　　F_1　F_2

F_1 與 F_2 角度越大時，用力也會越大。

2 將力一分為二:「力的分解」

　　將一股力分解為兩股力,稱為「力的分解」(圖2)。分解開來的兩股力稱為「分力」。

　　力的分解剛好與力的合成相反,因此像前一頁的問題,也可以將一股力(提起物體的力)分解為兩隻手臂各自所施的力來加以探討。

　　有一點必須注意,力的合成與力的分解的不同處在於,力的合成中,二力的合力只有唯一一個,而在力的分解中,為二力夾角指定一個特定值、會產生唯一一組分力,但若指定不同的夾角則會產生不同的分力,因此分力的數量算是有無限多組。

　　一般我們會將在斜面上的物體所受的重力分為「沿著斜面的力」與「垂直於斜面的力」,去指定力的方向,據此決定出一組分力。

圖2　力的分解

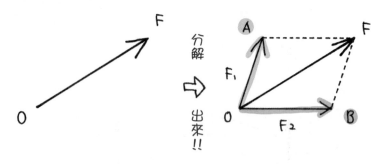

力 F 分解為平行四邊形

3　二力平衡

　　當靜止的物體受力也不會移動時，是因為它受到了方向相反、大小相等的二股力。此現象稱為「二力平衡」。靜止的物體若是因受力開始移動的話，有可能是受了一股力，或者受了二股力，而朝向移動方向的那一股力會比較大。

　　被繩子或彈簧懸吊起來的物體，就是受到重力、繩子或彈簧對物體所施的懸吊力量，而二股力量是平衡的。桌上的物體，則是受到重力及桌子對物體的支撐力量，二股力量呈平衡狀態。

問題　對擺在地板上的物體（質量 200 公斤）以 98 牛頓的力去推，物體不會移動。此物體除了受到重力及地板的支撐力、人所推的力量外，還受到什麼力，朝向什麼方向（或是從什麼方向受到什麼力）呢？

● 必與運動方向相反的摩擦力

請用手指慢慢推著桌上的書本。一開始的時候書本並不會移動，對吧。這是因為書本與書桌之間有摩擦力在作用的關係。書本不會動，是由於摩擦力與推力的大小剛好相等，相互平衡。當推力越來越大，書本就會開始移動。

書本在移動時，摩擦力仍然存在。摩擦力必定與運動方向相反，它的作用總是會使物體的運動停止或者變慢。

答案 如下圖，有 98 牛頓的摩擦力在物體與地板之間，與推力方向相反地作用著。

● 減低摩擦力的方法

在日常生活中，有需要運用到摩擦力的情況，當然也會有想減少摩擦力的情況。

輪胎與鞋子的溝紋，是要提高摩擦力以防止滑動（圖 3）。若地面沒有摩擦力的話，我們就沒辦法走路了。

● 不想要有摩擦力的情況

移動物體與週遭空氣之間產生的摩擦力，稱為「空氣阻力」。汽車或者新幹線的造形，就是設計成可以讓空氣平順地流過，減少空氣阻力。

圖 3　摩擦與形狀

輪胎的溝紋

有時要運用摩擦力

有時要設法減少摩擦力

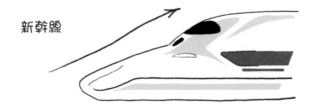

新幹線

4　三力平衡

　　現在請想像有一個物體，被兩個方向不同的繩索懸吊起來（圖4），各繩索的懸吊力為 F_1 及 F_2。

　　當物體被提到一定高度而靜止時，施與物體的力必定是處於平衡狀態。這時，F_1 及 F_2 的合力與重力大小相等、方向相反。

　　物體所受的三股力，無論是朝向哪一個方向，只要加總起來為平衡狀態，其中任意兩股力的合力必定與第三力大小相等、方向相反。

圖4　三力平衡

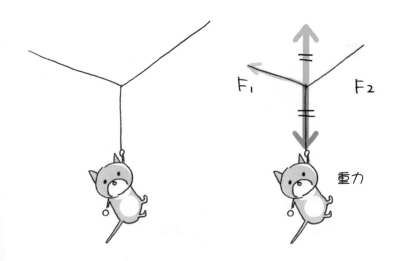

F_1　F_2　重力

5　水中的物體會受到浮力

　　在水中的物體，感覺起來會比實際上輕一點。原因並非是水中的重力比較小，物體在水中與陸地上所受的地球重力是相等的。

　　水中的物體是因為受到向上的力量——浮力，所以感覺起來比較輕。

　　在水中會浮起的物體，受到的力包括向下的重力與向上的浮力。由於這兩股力相互平衡，物體才會呈現靜止狀態。

　　當物體全部進入水中時，所受到的浮力大小可這樣求得：

> 浮力＝空氣中所量得的重量－水中所量得的重量

　　因此當浮力的大小測量出來之後，就可以知道水中物體的體積、會決定物體所受浮力的大小。當水中物體為 A 立方公分時，浮力為 A 公克的重量，也就是 $\dfrac{9.8}{1000}$A N（牛頓）。

　　根據阿基米德定律中的「液體中的物體所受到的浮力，與此物體所排除的液體重量相等」，因此可以得出，物體會受到 A 立方公分的水的重量，也就是 $\dfrac{9.8}{1000}$A N（牛頓）的浮力。

6　速度有兩種：「平均速度與瞬間速度」

前面所學的主要是靜止物體與力的關係，接下來要告訴各位運動中物體與力的關係。

力的作用之一為：

改變物體運動的狀態（速度、方向）

首先，我們先來談談速度（圖5）。

「預備～砰！」槍聲一起，30 公尺賽跑起跑了。跑者剛開始

圖5　速度的公式

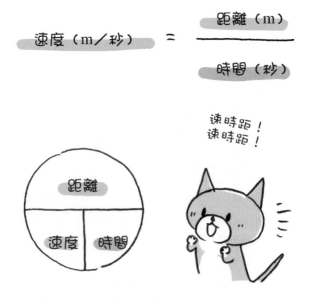

速度不快，但會逐漸越跑越快。也就是說，剛開始時速度為零，但之後會越來越快。A 同學花了 5 秒鐘跑到終點。30 公尺花 5 秒鐘，求得速度為 30÷5 = 6m/秒。

這個速度是平均的速度。也就是說他平均是以這個速度跑完 30 公尺全程。

實際上，從起點到終點之間，每一個瞬間的速度都會改變，這種速度稱為「瞬間速度」，必須以極短時間內移動的距離去求得（圖 6）。棒球測速器所測出來的就是瞬間速度。

圖 6　瞬間速度與平均速度

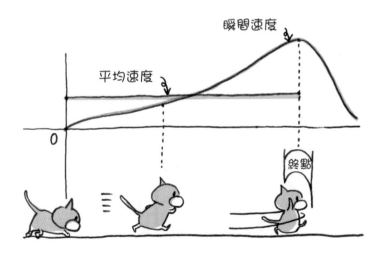

● 運動的基準

平常搭車時，從窗戶看出去的景象好像都在往後面移動。另外，當看著旁邊與我們相同方向、速度又大致相同的車，是不是看起來好像我們的車沒有在動呢（圖7）？

物體運動的速度，會隨著基準而不同。這裡所說的基準，就是指將某個東西視為靜止的。平常會把地表，或者相對於地表靜止的物體、建築物等當作基準。

圖7　運動的基準

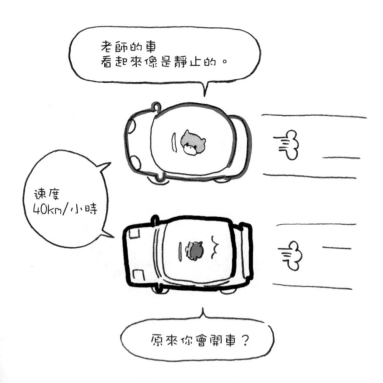

7　物體持續受力後的變化

問題　口中含著火柴棒，用一根吸管或兩根接在一起的吸管來吹，哪一種會飛得比較遠？

A. 一樣遠

B. 1 根吸管

C. 2 根吸管

用長的吸管與短的吸管來吹，
哪一個吹得比較遠？

● 持續受力時會越來越快

　　答案是 C，用二根吸管去吹，火柴棒會飛得遠很多。這是因為吸管較長，火柴棒受吹氣的力受得更久的緣故。

　　物體受力時，原本是靜止的話會開始移動，若再持續施力，移動速度就會越來越快。原因同樣是因為力會改變物體的速度。

　　接下來，試想我們手裡拿著某物、從某個高度把手放開，這個物體就會開始掉落。我們可以用快門速度固定為十分之一秒的閃光燈相機拍照，或者固定時間間隔內、在紀錄碼錶的紙帶上打洞，以觀察物體的落下運動。如此可以發現，在固定時間間隔內，物體移動的距離會越來越大。這時物體所受的力只有重力而已（空氣阻力忽略不計）。因為物體持續受到向下的重力作用，使得物體向下速度越來越快。

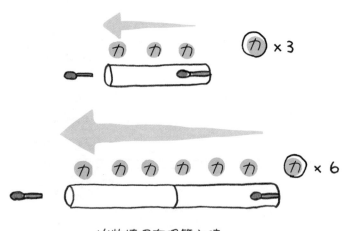

火柴棒仍在吸管內時，
會持續受到吹氣的力。

● 沿斜面下滑與落體運動相同

　　斜面上的物體沿斜面下滑，其運動也與自由落體運動（表1）相同。若沒有摩擦力，斜面上的物體（台車）沿斜面下滑時，會持續受到與其所受重力、沿斜面方向分力相同大小的力，因此運動速度會越來越快。相反的，若持續施加與運動方向相反的力，則物體的運動速度會越來越慢。

表 1　自由落體運動中，時間與距離、時間與速度的關係

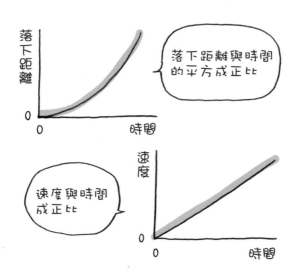

作個實驗吧！

　　讓高爾夫球與乒乓球從 1.5 公尺左右的高度落下，哪一個會先落地呢？實驗的結果顯示，兩者會同時落地。當然以這樣的高度，空氣阻力是可以被忽略的，若在極高處落下的話，就會有很大的差距。但是若在真空中的話，無論從多高的地方落下，兩者都會同時著地。

8　慣性原理與等速直線運動

　　「物體若不受外力影響，或受力相互平衡，則靜止物體會持續靜止，運動中物體會持續作等速直線運動。」這個法則稱為「慣性原理」。

　　等速直線運動，就是以固定的速度在一直線上前進的運動狀態（表 2）。請想像開車時一開始的行駛速度為 50km/小時（時速 50 公里），不改變速度、直線前進的樣子。

　　騎腳踏車時，騎士會一直踩著踏板（此原理是輪胎向後方推著地面，地面也會回推輪胎使之前進），但速度往往不會一直加快，而是會停留在一定的前進速度。因為相對於向前的力量，輪胎與地面間會產生一股向後的力量、也就是摩擦力，而且兩者相互平衡的緣故。

　　我們所生活的環境中，總是有摩擦力在妨礙著，幾乎不會碰到不施力物體仍永久直線等速前進的情況。

　　但是，所有物體都具有慣性，一定都會遵守慣性法則。只是因為摩擦力的緣故，導致我們無法看見而已。

　　但是在地球之外，確實存在著幾乎沒有摩擦力的世界──太空。

● 太空是沒有摩擦力的世界

　　太空火箭要脫離地球的重力圈需要使用燃料，但脫離之後，就算不使用燃料也可以靠慣性、持續等速直線運動。再來只要到達目的星球時，作反向噴射就可以。

　　現在，請你試著往你的正上方跳躍，一定會落在同一個位置上。地球自轉的速度，在日本東京大約是以時速 1,400 公里的超高速自轉。但我們仍會落在相同的位置，因為我們與地球自轉的速度相同，即使跳了起來，仍然會保持相同的速度。火車上的情況也一樣，火車若緊急煞車，乘客會往前傾，這是因為乘客仍保持著火車煞車前的速度。等速直線運動的移動距離，會與時間成正比而越來越大，但速度的大小與方向則與時間無關，一直保持固定。

表 2　等速直線運動中，距離與時間、速度與時間的關係

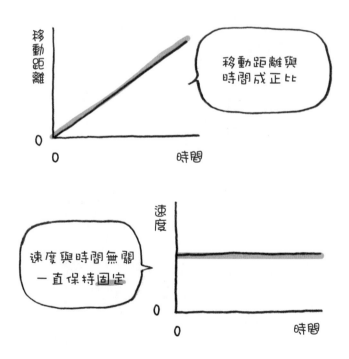

雨滴為何不會急速落下？

我們要是被從高處掉下的物體砸中一定會受傷。但是從天空落下的雨滴持續受到重力，按理應該會以極快速度往下掉，但結果並非如此。

雨滴形成之後往下降時，會不斷增加速度，在這同時，伴隨的空氣阻力也會不斷增大。

然後到了某一點時，重力與空氣阻力便達成平衡，因此在此之後雨滴就以等速直線運動落下。雨滴的降落速度大約為每秒 1～8 公尺。

另外，雨滴其實並不是呈所謂的水滴狀。由於空氣阻力的關係，它的形狀有點像被壓扁的圓形年糕。

圖 8　雨滴的形狀

第 7 章

功與能

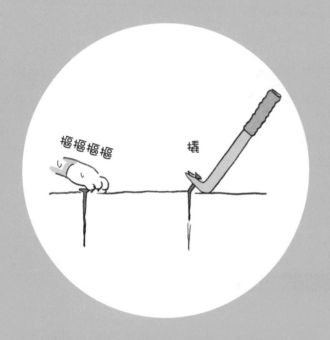

日常生活中的「做工」，意思與理科中的「作功」有某些相似的地方，但其實有極大的差別。理科中的作功是被嚴格定義過的。作功的源頭「能量」，在理科中的定義也相當嚴謹。此章將要探討學習物理中最重要的支柱──能量。

1 理科中的「作功」是什麼？

在理科（自然科學）中，「作功」與日常生活中的做工有很大的不同。因為畢竟是自然科學，「作功」的定義絕對是清楚明確且被嚴格定義的（圖1）。

功的定義如下：

當物體受到其他物體所施的力而沿著施力方向移動時，這個物體就被作功了。

若以「其他物體」為中心來說明定義的話，就變成「其他物體就作了功」。

圖1 作功的定義

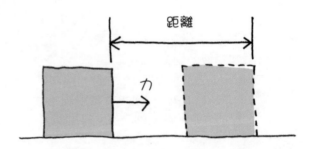

功＝力的大小 × 沿著力的方向所移動的距離

當我們探討作功的時候，釐清「什麼東西被什麼東西所作功」、「什麼東西對什麼東西作了功」是非常重要的。

對物體所作功的大小如下：

功的大小＝物體受力大小×沿此力的方向所移動的距離

功的單位是力的單位 N 乘上距離單位 m 的 Nm（牛頓公尺），並特別稱為焦耳（J）。還記得焦耳在前面曾以熱量的單位出現過吧？

現在，我們就來求下列情況的作功大小。

問題1 將質量 1 公斤的物體向上提 1 公尺，手所作的功大小為多少 Nm？而這時，物體受到手所作的功大小為多少 Nm？

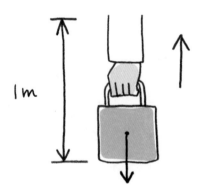

質量 1 公斤的物體以如下圖般的動滑輪向上提 1 公尺，手所作的功大小為多少 Nm？動滑輪的質量忽略不計。

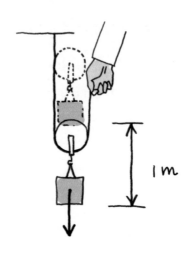

1m

答案 問題 1、2 都為 9.8Nm。

在地球上，質量一公斤的物體重量為 9.8 牛頓。因此，物體的重量（N）用質量（kg）來表示，結果如下：

物體重量（物體所受的重力之量）= 9.8N/kg × 質量（kg）

問題 1 用「功的大小＝物體受力大小 × 沿此力方向所移動的距離」來解：

9.8N × 1m = 9.8Nm

在問題 2 裡，動滑輪是指只須施力一半，但手的移動距離須花二倍的工具，因此答案為：

4.9N×2m ＝ 9.8Nm

以物體為主來看問題 2 時，由於物體被向上提的高度與直接用手提的情況相等，因此作功與問題 1 相同。

無論是運用動滑輪或者直接提起來，物體被作的功都是一樣的。雖然比較省力，但距離要拖得比較長。我們是在「寧可省力一點」的情況下使用動滑輪（滑輪重量則輕到可以略而不談）。

只要花一半力的道理

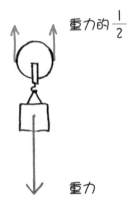

重力的 $\frac{1}{2}$

重力

將滑輪與所提物體
當作一整個物體時，
會如圖中向上的
二股力與向下的重力
相互平衡。
因此向上的一股力只要
為重力的一半即可。

2 「作功原理」：使用工具，作功還是一樣大

那麼，如果改用斜面又會如何呢（圖 2）？

設想一個高為 1、對面的斜面長為 2 的物體（你會想到三角尺吧）。再設想在這斜面上 1 公尺高的地方放有一個質量 100 公斤的物體。

用到斜面時，物體上拉所需的力量，只要與重力分解為沿斜面方向與垂直方向時，沿斜面分出來的分力相同即可。

在上述的情況中，這股分力為五十公斤重，也就是 490N。就算使用了斜面，作的功與直接上提同樣是「490N×2m ＝ 980Nm」。

圖 2 斜面與作功的原理

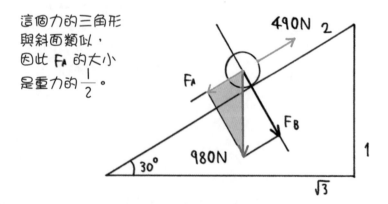

物體在斜面上被向上拉的力量大小，
與力 F_A 大小相同。

這個力的三角形
與斜面類似，
因此 F_A 的大小
是重力的 $\frac{1}{2}$。

490N
2
F_A
F_B
980N
30°
1
$\sqrt{3}$

● 即使使用工具，作功的量也不會改變

槓桿的情況又是如何呢（圖3）？使用槓桿，可以用少許力量就將物體給舉起。但是要用槓桿將物體舉起至跟用手提起時相同的高度，施力點需要移動的距離，會比物體作用點移動的距離更長，最後總體的作功量並沒有改變。同樣地，使用動滑輪或斜面，直接所作的功也不會變。這項道理我們稱為「作功原理」。

這些工具，都是用在想以距離換取省力的情況下。

図3 蹺蹺板的原理

既然功的大小不變，為何要使用工具呢？

　　無論是使用工具，或者人們自己直接對物體作功，功的大小並不會改變。既然如此為什麼要使用工具呢？

　　原因與接下來要學的作功效率（在功的領域中特稱為功率）有關。

　　使用人力而須耗費大量時間的工作，通常運用工具或機械，就可以輕鬆快速地進行作業。使用工具的意義就在於，雖然必須作的功大小不變，但功率卻上升了。

圖4　工具與作功

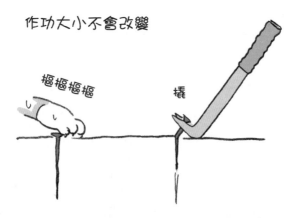

作功大小不會改變

摳摳摳摳

撬

使用工具是為了使功率上升。

3 作功的效率:「功率」

無論一件事需要花上多少功,如果得耗時幾萬年才能完成,與沒辦法完成是一樣的。作功效率的比較,可用 1 秒內能完成多少工作來表示。而這個效率我們稱為「功率」(圖 5)。功率的求法,是將功的大小除以作功所花的時間(秒)。一般所使用的單位為 Nm／秒或 J／秒。

圖5 功率

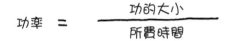

$$功率 = \frac{功的大小}{所費時間}$$

釘子拔起來了嗎?

已經過三十分鐘   一分鐘就拔起來了

表示電力的瓦特也是功率單位

表示電力的 W 也是功率的單位。1W ＝ 1Nm／秒＝ 1J／秒。因此,在一秒內點亮 100 瓦的電燈泡,幾乎等同於將 10 公斤左右的物體在 1 秒內提高 1 公尺所作的功。

　　電燈泡、馬達等電器用品都會標上 60W 或 40W 等，單位以瓦特來表示的數值。這些也是功率。

　　運用馬達對物體施力使物體移動，也可以用電的功率來計算。電的功率是電流（A）與電壓（V）相乘所得，也就是電力。

　　若所作的功是轉變為熱的話，一秒內所產生的熱量也可以用功率來表示。比如說，人類所產生的熱大約在 100W 上下。也就是說，一個人類與點亮一個 100W 的燈泡大致會產生相同程度的熱。一天總共有 86,400 秒，所以人類一天就要放出 8,640kJ（約為二千卡路里）的熱量。而所需的能量就由我們每天所吃的食物來供給。

圖6　人類的功率

4　能量

　　當物體保持在即將可以作功的情況時，就可以說這個物體「具有能量」。

　　比如說，在高處的某個物體如果往下掉，就可以把木樁打進地面（圖 7）。木樁受力刺進地面（移動了一定距離），是因為木樁被作功的關係。因此在高處的物體，就具有一種能量。

　　運動中的物體，撞到其他物體時，會對其施力使之移動，因此也帶有能量。

　　能量的大小，以對其他物體可作功的大小來表示，與功是同樣的單位。

　　也就是 Nm（牛頓公尺）或 J（焦耳）。

圖 7　什麼是「具有能量」

「這個物體
具有能量。」

5 位能與動能

● 在高處的物體所具有的能量

　　物體從高處落下時，會讓底下的某物體變形，或者改變其運動的狀態（由靜轉動等等）。這就表示，高處的物體具有作功的能力。高處的物體所具備的能量，稱之為「位能」（圖8）。

　　物體所具有的位能，位置越高能量越大、質量越大能量也越大。也就是說，位能與高度及質量成正比。

図8　位能

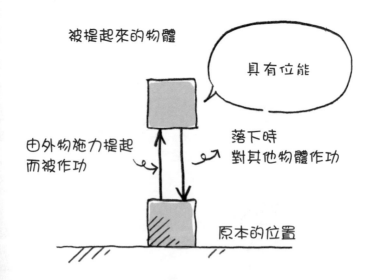

被提起來的物體

具有位能

由外物施力提起
而被作功

落下時
對其他物體作功

原本的位置

● 運動中的物體所具有的能量

　　運動中的物體，與其他物體相撞時會使這個物體變形，或者改變其運動的狀態（由靜轉動等等）。這就表示，運動中的物體具有作功的能力。因此，運動中的物體也具備某種能量，稱之為「動能」（圖9）。

　　物體所具有的動能是，當物體速度越快，能量越大；當質量越大，能量也越大。

　　更精確地說，動能是與速度的平方乘以質量成正比。

圖9　動能

對物體作功時，動能就有了改變

慢速　越來越快　快速

持續受力，移動就會變快。

6 機械能守恆

　　位能是由質量與高度決定，而動能是由質量與速度決定。位能與動能合起來即稱為「機械能」。

　　動能與位能會相互轉化（變換），但其機械能的總和會保持不變。這就是「機械能守恆定律」。

　　我現在來檢視一下鐘擺的情況吧（圖 10）。鐘擺在 A、C 點時，沒有動能只有位能，而在 B 點時沒有位能只有動能。

　　鐘擺在每一點時，動能加位能的總和都是相同的。

圖 10　位能與動能的關係

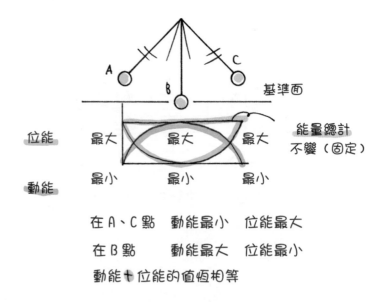

● 發電就是能量的變換

　　水力發電是讓位於高處的水落下來帶動發電機。這是用水庫儲水的位能來帶動發電機的渦輪，也就是使位能轉換為動能。了解之後，請思考下列問題。

　　問題　在如下圖的斜面上，將一物體放在 A 點，於是物體開始沿著斜面運動。請假設，斜面與物體之間沒有摩擦力。

①物體自 A 點起會怎麼樣運動？
②物體在哪一點的速度會與在 B 點時相等？
③物體在 D 點所擁有的動能，為在 E 點時動能的幾倍？

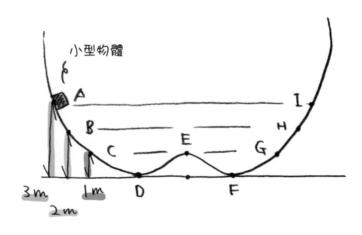

● 能量變換的探討

我們將問題的位能基準設在通過最低點 D 的水平面上。

① 在 A 點時的動能為（　a　）。物體所具有的能量，為在 A 點時的位能。隨著從高處滑下，這些能量會轉變成動能。所有能量都轉換為動能，首先會發生在（　b　）點。接下來自 F 點開始往上走，動能會越來越小而位能會越來越大。動能變為 0、所有能量轉為位能（也就是靜止狀態），會發生在（　c　）點。同時物體會從這點再度滑下，來回進行（　d　）運動。

② 位能加動能恆相等，因此當位能相等（高度相同）時，該位置的（　e　）與速度也相等。這個位置就在（　f　）點。

③ 物體在 D 點具有的動能，與在（　g　）點所具有的位能相等，我們把它的值設為 3。則在 E 點所具有的位能為（　h　）。這時的動能則為 3－（　h　）＝（　i　）。答案為 3÷（　i　）＝（　j　）倍。

> 答案　a：0、b：D（與 F）、c：I、d：往復、e：動能、
> f：H、g：A（或 I）、h：1、i：2、j：1.5

雲霄飛車的高度

　　遊樂園裡的雲霄飛車，是將車子先運行至軌道的最高點時，再沿著軌道讓它不斷落下上升。這時，車子的運動就跟鐘擺一樣，位能與動能會不斷變換。也就是說，車子所擁有的能量不可能比一開始運到最高點時的位能更多。由此可知，能衝得比一開始運上去的高度還要更高的雲霄飛車，是不可能存在的。

太空中物體的運動與能量

　　設想在太空中有一物體以某速度作等速直線運動。這個物體具有與「速度平方乘質量」成正比的動能。若不施以其他外力，這些動能就不會有所損失，因此可以永遠不斷地持續等速直線運動。

　　在地球上運動的物體，速度會慢慢趨於靜止，是因為物體所擁有的動能會轉換成其他能量，特別是經由摩擦而轉變為熱能。

7 能量守恆定律

● 能量守恆定律

機械能（位能加動能）會相互轉化（變換），但合計的總機械能會保持相等。

在現實情況下，動能不會全部轉為位能，往往動能的一部分會轉變為熱能。也就是說，有多少動能轉變成熱能，動能就會減少多少，速度也就相對變慢。有多少能量轉為熱能，機械能就減少多少。

比如說，鐘擺的運動中的位能與動能，就會有下列轉變（圖11）：

「位能」⟷「動能」

仔細觀察鐘擺的運動，可以發現鐘擺的振動幅度會越來越小，漸漸地鐘擺就會靜止不動。若鐘擺的機械能可以完全守恆（動能加位能恆保持不變）的話，照理應該是不會停止才對。

這就是機械能減少的證明。鐘擺最後會停止的主因，是支點部分受摩擦影響、產生熱能的關係。雖然機械能減少了，但能量本身並沒有消失，機械能減少的部分都已轉為熱能。

也就是說，當鐘擺在擺盪時所形成的能量關係為：

「一開始的位能」＝「機械能」＋「熱能」

圖 11 鐘擺與熱能

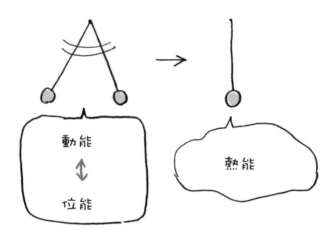

而當鐘擺停止時，

「一開始的位能」＝「熱能」

到最後，一開始的位能便全部轉為熱能了。換言之，當我們把所有種類的能量都納入考慮，會發現能量的總合永遠保持固定不變。

現在請將變成熱的能量也一併考慮進來。

將熱能也涵蓋進來時，機械能與熱能加總的合計，永遠保持相等。也就是說，能量不會消失，也不會產生新的能量。這就是「能量守恆定律」。我們知道，能量守恆定律是控制自然界的重要基本定律（圖 12）。

實際上，機械能守恆定律，在沒有摩擦力的條件下是可以成立的定律。而相對的，無論有沒有摩擦力，能量守恆定律是永遠都會成立的定律。

圖12　能量守恆定律

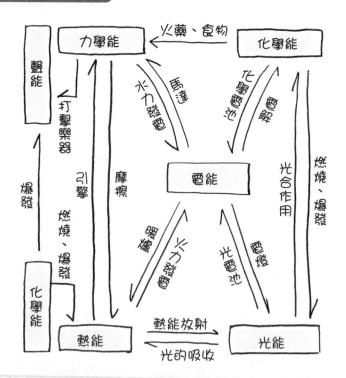

能量守恆定律與「能源不足」

　　各種機械或裝置，不可能將接收到的所有能量、完全轉變為我們所希望作的功。其中所接受的能量有多少百分比能轉換為所要作的功，即稱為「效率」。

　　比如說，電燈泡只將電能的部分百分比轉換為光能，其餘則都轉為熱能。日光燈的效率稍微好一點，但也只有 20% 左右。另一方面，乾電池能夠將 90% 的化學能轉換為電能。

　　然而，無論在什麼情況下，我們都不可能將能源百分之百地轉換。尤其是像汽車引擎會將燃料的化學能透過燃燒轉為熱能、再以此取得動能，過程中一定會產生沒有用的熱能。另外，引擎的摩擦熱也是無法忽略的。再加上燃料是不完全燃燒，剩餘物只能全部捨棄，這樣總效率也不過 25% 左右而已。

　　若我們將沒用的熱能也考慮進來的話，所有的能量都是守恆的（能量守恆定律）。但近來常常聽到人們在討論能源不足的問題，意味著有用的能量越來越缺乏、供不應求。石油等化石燃料，是由遠古的植物經過漫長的時間變化而成，所以才會蓄積如此多的化學能。而我們是在極短時間內將這些能量消耗掉以釋放熱能。現今的綠色植物也會透過光合作用累積化學能量，但消耗的速度遠超過累積速度。當能源不足的時刻來臨時，如何利用眼前所有的能源，如風力、海浪、地熱、太陽等，將它們轉換成便宜而有效率的能量，將會是重要的課題。

　　太陽的能量，透過熱放射（物體中的熱能以紅外線等光線形式放射的現象）等方式籠罩在地球上。

　　我們平常會直接將太陽能以光能或熱能的形式加以利用，但太陽能其實還有其他各式各樣的使用形式。

　　我們所吃的食物，其最初的源頭是植物以太陽能行光合作用所造成的（食物蘊含的是化學能）。火力發電的石油、煤炭等化石燃料也同樣來自植物，因此日常生活中的電能，同樣源自於太陽能。水力發電也是由於太陽能將水蒸發形成雨、累積在高處，才有水的位能可以利用。風力發電同樣是利用太陽能造成的大氣流動，能量來源依然是太陽能。但是，只有核能發電是運用原子核分裂造成的能源，與上述能源不同。

索　引

國家圖書館出版品預行編目資料

3小時讀通物理 / 左卷健男作；謝仲其譯. - -
初版. - -新北市新店區 ：世茂，2010.02
　面；公分. - -（科學視界；130）
漫畫版
ISBN 978-986-6363-37-5（平裝）

1. 物理學 2. 漫畫

330　　　　　　　　　98023616

科學視界 130

3小時讀通物理（漫畫版）

作　　　者／左卷健男
譯　　　者／謝仲其
主　　　編／簡玉芬
責任編輯／林雅玲
內文設計・藝術指導／クニメディア株式会社
封面・內文插畫／まなか ちひろ(http://megane.boo.jp/)
出 版 者／世茂出版有限公司
負 責 人／簡泰雄
登 記 證／局版臺業字第564號
地　　　址／(231)新北市新店區民生路19號5樓
電　　　話／(02)2218-3277
傳　　　真／(02)2218-3239（訂書專線）、(02)2218-7539
劃撥帳號／19911841
戶　　　名／世茂出版有限公司
　　　　　　單次郵購總金額未滿500元（含），請加60元掛號費
酷 書 網／www.coolbooks.com.tw
排版製版／辰皓國際出版製作有限公司
印　　　刷／祥新印刷事業股份有限公司
初版一刷／2010年2月
　十二刷／2021年12月

I S B N／978-986-6363-37-5
定　　　價／280元